天下文化
BELIEVE IN READING

無印良品的設計

日經設計 編

陳令嫻、李靜宜 譯

為什麼無印良品能風靡全世界？關於這個問題，每個人的答案都不一樣。有人回答：「因為設計簡單」、「我只需要最基本的功能」，也有人回答：「因為環保」、「因為品質好」。每一個答案都正確，但是每一個答案都不夠完整。

提到無印良品，不能單就個別的商品或是設計討論，其本質包含了商品與設計的「思想」。由舉世無雙的企業家堤清二先生，和獨一無二的設計師田中一光先生攜手合作，將想要在時代潮流中保存的價值觀與美學合為思想，根據思想所製造的所有商品，便是無印良品。

無印良品的目標是終極的「這樣就好」。正因為是無印良品，所以不是「這樣最好」，而是「這樣就好」。換句話說，是克制的選擇。但是「這樣就好」並不是放棄，而是充滿自信的選擇。因為無印良品的目標是提供「這樣就好」也能充分滿足的價

值——這就是終極的「這樣就好」。這種思想獲得許多人的共鳴，所以無印良品不只在日本，而是在全世界都廣受喜愛。

本書從設計的角度，探究無印良品成功的秘密。探討的面向包含「商品設計」、「傳達設計」和「門市設計」，然而最重要的是了解無印良品整體的思想。本書的內容建立於四位顧問委員（Advisory board）的訪問，顧問委員是無印良品的支柱，相信顧問委員的一席話，能幫助讀者徹底了解無印良品成功的秘密。

每位顧問都是其擅長領域的佼佼者，他們對無印良品的支持與貢獻，是在其他公司看不到的獨特制度。無印良品成長的原動力就在「經營」與「設計」之間取得恰到好處的平衡。希望讀者能在本書中找到設計引領經營的各種提示。

——日經設計編輯部

目錄

本書包含《日經設計》刊登過的報導，重新增修、編輯過的全新內容。原始報導如下：

第1章
10〜33p、40〜41p：2014年6月号　「無印良品の目利き力」
34〜39p：2014年7月号　「革新的製造技術で変わるデザインとビジネス」
42〜45p：2005年5月号　「知財ニュース解説」

第2章
72〜83p：2014年6月号　「無印良品の目利き力」
92〜97p：2011年6月号　「『ポスト3.11』のコミュニケーションデザイン」

第3章
120〜123p：2014年12月号　「この売り方がすごい！」
124〜141p：2015年4月号　「進化を続ける無印良品のVMD」

第4章
146〜151p：2015年5月号　「Editor's Eye／ニュース＆トレンド」
152〜155p：2014年10月号　「Design of the Month」
166〜185p：2014年6月号　「無印良品の目利き力」

第1章

商品設計

無印良品　無印

徹底思考之下
誕生的簡潔設計。
不只日本，在世界各地都受到喜愛。
究竟無印良品的設計
是如何誕生的呢？

圖解無印良品的商品開發過程

無印良品的商品因「沒有設計（No Design）」與「簡約」而廣受好評。
無印良品之所以能提出受到全世界喜愛的設計，
在於優秀的設計師參與企業戰略與商品開發。

　　無印良品的商品從未偏離設計理念，簡單又實用，呈現毫無累贅的簡潔之美。為什麼無印良品能夠持續推出不受流行左右，總是具備標準MUJI特色的商品呢？理由不僅在於商品開發的過程，同時也隱藏於企業經營的結構之中。

　　無印良品的母公司「良品計畫」決定企業的方向時，「顧問委員會」（Advisory Board）扮演相當重要的角色。顧問委員會為了維持品牌的概念，由不隸屬良品計畫的外部設計師所組成，目前成員共有四人，分別是平面設計師原研哉、創意總監小池一子、商品設計師深澤直人和室內設計師杉本貴志。四位委員會成員固定每個月一次，與金井政明會長和高階主管齊聚一堂，舉辦「顧問委員會會議」。

　　會議的目的並非做出具體的決定。討論的內容除了公司的事情之外，也會針對目前受注目的社會風潮、新聞事件、日常工作與生活中感到的疑問，提出感想與意見。雖然會議中並不會做出任何結論，然而與會者可以透過反覆討論建立共識，不管是公司

2014年推出的廚房家電系列，放眼以亞洲為中心的國際市場，包含冰箱在內，所有品項皆追求設計簡潔，目標是成為像鍋子與飯鍋般單純又符合人們需求的家電用品。無印良品開發商品的價值觀，不只是顧問委員，也受到不斷追求無印風格的忠實顧客們的支持。

在社會中的立場，或是應該朝什麼方向前進等等。顧問委員會帶來的意見，也會反映在三年計畫等企業中期事業計畫中。

每週必定徹底確認所有細節

另一方面，顧問委員會的每一位成員都有各自負責的領域，針對相關的商品與服務積極提出建議。例如深澤直人所負責的是家電與生活用品。

具體而言，商品從開始開發到最終定案之間，會舉辦三次「樣品討論會」。第一次會議的目的在於確認商品品項、系列構成與想法。會議上可能只會提出圖片，或是比較、參考其他品牌的商品，進行說明。第二次會議時出示保麗龍做的模型，展現具體的設計方向。第三次會議時才終於針對量產，提出家電用品的實體大模型或是實際製造圖；同時也會嚴格確認商品與品牌形象是否一致。

除此之外，深澤直人每週五都會撥空前往良品計畫，檢視正在開發中的商品、提出建議或與無印良品的員工討論。像這樣，徹底監督從設計理念到實際生產的每一個步驟。如果有需要，深澤直人也會親自參與設計在賣場展示商品的陳列道具。

進入生活環境，實際觀察

然而，著手開發之前必須徹底探究「消費者究竟需要什麼樣的商品」。良品計畫為了收集使用者的聲音，建立了許多管道。當然，也會進行一般的市場調查和試用調查。開發商品的契機往往來自於調查中掌握到的使用

者需求。另外，有時也會因為深澤直人的提議而開發商品。

雖然開發商品的契機不一，但是「觀察法」是其中最重要的調查方式。負責開發的相關人員，例如商品企劃的負責人與設計師，會實際造訪生活者家中，觀察商品的使用方式。觀察法可說是一種設計思考的工具，因而受到重視。

在生活雜貨部門，掌管電子與戶外商品的經理大伴崇博表示：「想要有效觀察，最重要的是將不同領域的人員分配在同一組。」例如2014年初的觀察行動，派遣多個三人小組，前往不同的家庭拜訪。當時與大伴經理同組的是家居服設計師和織品採購人員。每一組都要從各種不同的角度觀察人們如何使用物品，例如洗手台等

用水區域周邊的狀態、臥室收納，和放置手錶、鑰匙的位置等等；如果有好奇的地方或發現問題，則開口向住戶詢問。大伴經理說明：「重點不是觀察單一商品，而是透過與住戶的對話，感受生活的氛圍。」

大伴經理同時也表示「如果觀察團隊的成員來自相同領域，觀察的重點和發現的結果總是差不多。」由專長不同的工作人員組成觀察小組，注意的範圍才會更加開闊。

親自感受生活的氛圍

首先，觀察的對象希望是家人或是親戚等關係親近的家庭。如果彼此關係不夠親近，對方往往會在觀察活動之前刻意收拾房子。如此一來，便無法觀察對方原本生活的樣貌。

顧問委員會會議

四位顧問委員

會長、高階主管

每個月一次

不求結論,針對關於公司內外各種有興趣的話題,進行廣泛直率的討論。會議的目的在於共享價值觀。

金井政明會長

三年商品計畫

年度計畫

觀察

負責開發的人員,實際造訪生活者的住處,觀察各種生活用品的使用方式。雖然觀察是最近才開始採用的手法,今後將會成為開發時的重要步驟。

※上方的圖示主要為生活雜貨的商品開發流程。(根據《日經設計》的採訪內容繪製)

無印良品的使用者,大多樂於積極表達對於商品的意見或不滿,因此無印良品建立了各種管道,讓使用者反映心聲。

無印良品的商品開發流程十分特別。
以生活雜貨為例，深澤直人每週都會檢視開發中的商品，
並提供意見，在商品問世之前會舉辦三次樣品討論會。

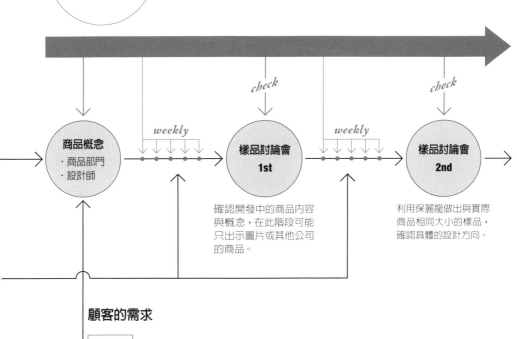

深澤直人主導的
週間確認與建議

一共三次的樣品討論會，是
開發商品時的重要里程碑。
除此之外，深澤直人每週五
都會來到無印良品，檢視開
發中的商品和給予建議。

check

weekly

商品概念
·商品部門
·設計師

樣品討論會
1st

確認開發中的商品內容
與概念，在此階段可能
只出示圖片或其他公司
的商品。

check

weekly

樣品討論會
2nd

利用保麗龍做出與實際
商品相同大小的樣品，
確認具體的設計方向。

顧客的需求

門市	門市員工直接接觸使用者，利用「顧客意見表」等收集顧客心聲。
網路或電話 生活良品研究所 顧客室	「生活良品研究所」透過網路，收集意見與顧客期望（參考p.40），「顧客室」則是客服窗口。
各種調查	也會舉辦一般市調公司所使用的市場調查。
試用調查	主要目的為改良商品。請實際使用過商品的使用者提出意見。

無印良品的商品問世之前的過程

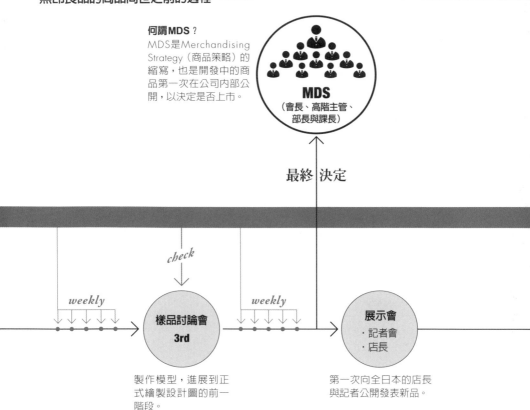

何謂MDS？
MDS是Merchandising Strategy（商品策略）的縮寫，也是開發中的商品第一次在公司內部公開，以決定是否上市。

MDS
（會長、高階主管、部長與課長）

最終 決定

check

weekly

weekly

樣品討論會 3rd

製作模型，進展到正式繪製設計圖的前一階段。

展示會
· 記者會
· 店長

第一次向全日本的店長與記者公開發表新品。

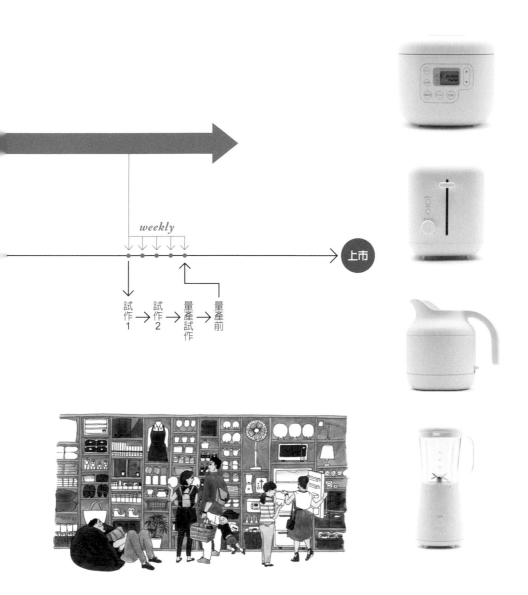

weekly

上市

試作1 → 試作2 → 量產試作 → 量產前

●現場觀察的執行範例

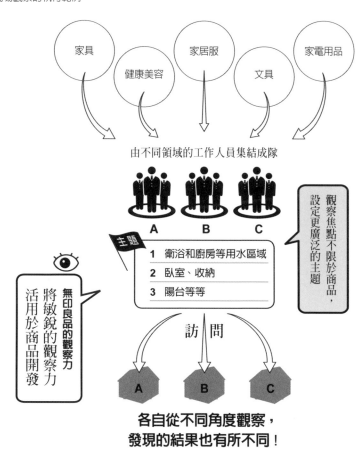

由不同領域的工作人員集結成隊

A　B　C

主題
1　衛浴和廚房等用水區域
2　臥室、收納
3　陽台等等

觀察焦點不限於商品，設定更廣泛的主題

無印良品的觀察力
將敏銳的觀察力
活用於商品開發

訪　問

A　B　C

各自從不同角度觀察，
發現的結果也有所不同！

家具
健康美容
家居服
文具
家電用品

●彌補現場觀察不足之處的方法

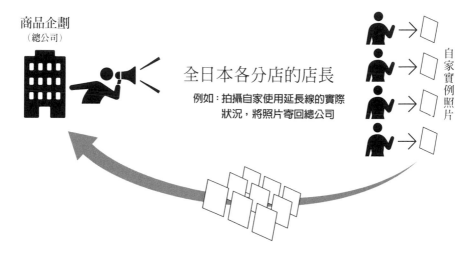

商品企劃
（總公司）

全日本各分店的店長
例如：拍攝自家使用延長線的實際
狀況，將照片寄回總公司

自家實例照片

　　爲了彌補觀察法不足之處，商品企劃人員會邀請全日本各分店的店長協助提供實例照片，例如請店長們拍下家中延長線的照片，收集起來成爲參考資料。這種方式雖然無法像現場觀察一樣，實際感受生活的氣氛，卻能收集大量的實例。

　　以延長線這個例子來說，約莫收到一百張照片，透過這些照片，發現許多人往往是將延長線吊在半空中使用，例如掛在床頭板。因此開始探討是否能開發出使用上更方便、也更美觀的延長線。

　　從觀察現場或收集到的資料中，常可看到使用者以開發者意想不到的方式使用商品，並進而成爲開發新商品的契機。雖然無印良品才剛剛開始採用觀察的手法，今後也許會因爲活用觀察法所帶來的發現，陸續推出具備「無印特色」的商品。

無印良品廚房家電的變化

無印良品在2014年春天推出全新系列的廚房家電。
針對全球市場所推出的新產品，
正是無印良品將「理想的家電用品」具體化的結果。

由於市售電子鍋的頂端大多是圓弧造型，無法
承載物品，因此常有人因為不知道該如何收納
附贈的飯勺而苦惱。無印良品推出的電子鍋，
頂端平坦，可以放置飯勺。操作按鈕也因此配
置於電子鍋正面。

無印良品從2014年3月6日開始，陸續推出廚房家電的全新系列。品項多達11種，包含冰箱、微波爐、烤箱、烤麵包機、電子鍋、電熱水壺和果汁機等等。商品開發始於2012年冬天，著手開發的其中一個原因，就是使用者強烈要求再次販售冰箱。如同p.24照片所示，無印良品曾經推出把手極為簡潔的冰箱，但由於委託的製造廠後來廢除了這條生產線，因此停止銷售。儘管已經過了好幾年，每週還是會收到一、兩件希望無印良品再次推出冰箱的意見，因此確定冰箱具有強烈的潛在需求。

另一方面，顧問委員深澤直人身為商品設計師，也感受到現今日本家電業界已陷入困境。由於中國與韓國的製造商崛起，導致日本的家電業界業績低迷。日本的製造商希望藉由提升機能，強化與一般商品的差別。但是深澤直人表示：「機能戰會讓製造商與使用者陷入不幸。」製造商一方面必須將部分開發資源留給利潤少的家用電器；另一方面，使用者不見得用得到那麼多高機能。事實上，也有不少使用者因為家電機能過多，反而不

由左至右：自動按壓式烤麵包機、附飯匙架的炊飯電子鍋（3杯）、附研磨功能的果汁機、電熱水壺、直立式烤箱、微波爐（19L）

知道該如何使用。

深澤直人認為：「家電用品是生活必需品，就算功能和鍋子、飯鍋一樣簡單也沒關係。」因此直接向時任社長的金井政明提議：「要不要重新檢討無印良品的家電用品呢？」他並未準備豪華的簡報，只是提出簡單的說明資料，談了幾分鐘之後，金井會長就同意他的提議。對此結果，深澤表示：「無印良品之所以能馬上決定，在於組織簡單，設計師又有機會直接接觸高層決策者。如果想打電話聯絡，也不需要經過繁複的手續。像這樣的企業，在日本很稀有。」

海外展店，促進家電用品的開發

無印良品加快海外展店的速度，也是促使新的家電系列得以問世的原因之一。目前中國分店已經高達一百家，海外分店的數量，預計會在2017年時超過日本國內店數。

以往，無印良品是與日本國內的工廠接洽，請對方利用部份既有的生產線，製造無印良品的商品。然而隨著工廠開始轉移到國外，可生產無印商品的日本國內工廠日益減少。如果要

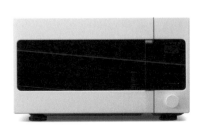

透過日本的製造商，委託海外工廠生產，也必須付出仲介費，導致商品價格提高。

牆壁化家電和不會消失的家電

然而，現在海外製造商的技術已經提升，可以直接委託海外製造商生產。雖然必須發包一定的數量，但剛好無印良品也加快亞洲展店的腳步，門市數量增加，生產數量也可隨之提高。由於環境水到渠成，因而促成無印良品開發家電用品系列。

究竟什麼是「如同鍋子與飯鍋般的家電」呢？深澤直人表示：「隨著技術進步，生活變得更井然有序，家電用品也隨之『牆壁化』。」例如以前電視總是放在客廳的正中央，佔去許

冰箱是靠近牆面使用的家電，所以採用四方形的簡單設計。把手是單純的圓柱體。上方的縱向圓柱體，和下方的橫向圓柱體，頂端對齊，模樣端正。

多空間；現在卻可以掛在牆壁上。不僅如此，冰箱和燈具也可以鑲進牆壁，視覺印象不再強烈。因此現在桌子上所剩的只有具備單純機能的「工具」——也就是廚房家電。

觀察家電的進化歷程，深澤直人預測，愈是靠近牆壁的家電用品，會愈顯方正，以融入牆面；愈是靠近使用者的家電用品，則會愈顯圓滑，以更貼近人體。本次推出的冰箱與微波爐烤箱，便是因為貼近牆壁而方方正正，經常放在手邊使用的電熱水壺和電子鍋，則是更加強調圓弧造型。

鍋具和飯鍋，不刻意展現特定設計師的風格，而是自然融入生活，安靜的佇立於家中。無印良品的家電用品，放在鍋子與飯鍋旁邊，也不會顯得突兀。在這樣的生活場景中顯示的是，日本人與生俱來、刪去多餘事物的「減法美學」，亦即「這樣就好」、「這樣剛剛好」的態度（電子與戶外商品經理大伴崇博）。

新的廚房家電系列獲得熱烈的迴響，2014年3月上旬到8月上旬的銷售量，相較前年增加了60%（與舊機型相比）。尤其是冰箱系列的銷售額，更是前年同期的四倍。

無印良品不針對各國需求，推出在地化的商品，而是全球市場都銷售一樣的家電用品。這是因為家電用品也是無印良品傳達訊息的溝通管道之一，透過家電用品，含蓄卻強力的宣示：「無印良品認為，家電用品可以帶來如此豐富的生活。」

陷入價格競爭，便失去設計家電用品的意義

深澤直人身為顧問委員會的一員，
本篇訪問便以家電用品開發的歷程為主，
看看無印良品如何以其獨特的設計策略，進軍全世界。

日經設計（以下簡稱ND）：首先請教深澤先生在良品計畫中的工作。

——（深澤）我在良品計畫中負責三項工作。

第一項工作是擔任顧問委員，每個月參加一次會議，直接和良品計畫的金井會長與高層主管討論各種議題。顧問委員共有四名，每個人的專長都不一樣，像我主要是負責商品設計。會議中有時是良品計畫提出最近的課題來討論，有時是我提議今後的方向和覺得重要的項目。雙方各自提出議題，確認彼此的意見。

第二項工作是監督良品計畫所有商品的設計。我會針對採購人員和良品計畫內部設計師提出的商品開發企劃，發表意見、建議整體方向。第三項工作是思考商品本身的設計，有時也會由我負責企劃。

這三項職責中，例如這次的新家電用品專案，由於良品計畫的想法和我的提議一致，才得以成真。

商品設計師

深澤直人

Naoto Fukasawa●商品設計師。1956年出生於山梨縣，1980年畢業於多摩美術大學商品設計系，1989年赴美進入美國IDEO公司就職，1996年擔任IDEO東京分社社員，2003年設立NAOTO FUKASAWA DESIGN。除了就任多摩美術大學整合設計系教授之外，也曾擔任2010～2014年度Good Design Award評審委員長，目前是日本民藝館第五代館長。

（攝影：丸毛 透）

27

ND：為什麼您想要設計新的家電用品呢？

——我覺得日本家電產業這兩三年來經營慘澹。雖然製造技術並沒有變差，卻因為海外製造商的品質提升而被捲入全球性的價格戰，無法發揮以往的優勢。以新興國家市場來說，有

人認為單一機能就已經足夠，而我感覺家電愈來愈像生活雜貨。

我從以前就覺得既然如此，銷售生活雜貨的公司也可以發揮長處，開發家電用品。然而如果考量到品質問題，而委託日本國內的廠商製造，就會因為成本太高而無法將價格設定在

無印良品希望的範圍內。

還好最近海外廠商的品質也大幅提升，能以低廉的成本製造生產。以現在的條件，可以設定無印良品所希望的價格。現今的環境已經改變，適合製造的不是家電量販店的家電用品，而是無印良品販賣的家電。

為了穩定價格，我們重新擬定計畫，除了國內市場之外，剛好這時候無印良品也正進軍亞洲與中國地區，所以便將目標放在預期銷售量更大的全球市場。在設計時，我覺得應該開發適合全球的標準商品，而非針對各國開發不同的商品。

「目標是統一設計，
創作適合全球的標準商品」

深澤直人

ND‧無印良品開發的家電用品，和其他公司的產品，哪裡不一樣呢？

—— 家電用品現在就像「鍋子」和「飯鍋」一樣，對吧？我甚至覺得必須要像鍋子和飯鍋一樣才能生存。

空氣清淨機和空調等複雜的家電用品，今後應該會和牆壁一樣，成爲住宅設備的一部分。留在桌上的家電用品會成爲「工具」，只有機能單純，並且符合日常生活需要的家電用品才能留下。

就拿吐司的例子來說，吐司的大小固定，烤麵包機爲了配合吐司的尺寸，體積絕對不能縮小，所以烤麵包機不會改變。無印良品該開發的就是這種家電用品。

接下來便是刪除多餘的機能，以適當的價格，提供具備必要機能的家電用品。市場需要的應該就是這種家電用品，因此不會陷入價格戰。

ND：也不以機能一較高下嗎？

—— 如果以機能一較高下，所有廠商都會推出類似的商品，最後還是陷入價格戰。如此一來，沒有人能賺到錢。現在反而是機能最單純的鍋子和飯鍋訂價才高昂。如果陷入價格戰，便失去無印良品進軍家電市場的意義了。

相較於家電製造商的商品，無印良品的家電用品比較樸素。爲了在選擇衆多的家電量販店吸引消費者的注意，一般商品需要華麗的外觀。但是買回家之後，每家廠商的設計相異，擺在一起會顯得很混亂。

無印良品的家電用品都有相同的設計風格，所以一起放在廚房也不會顯得混亂。因爲無印良品的家電用品只會在無印良品的門市銷售，所以我們也在陳列上下功夫。只要加強視覺方面的訴求，也可以爲我們的家電用品增加新的附加價值。

當然家電用品也必須具備無印良品的特色。乍看之下造形好像簡單、看似沒有設計，卻是下過一番功夫，也都徹底檢查過形狀等細節。開發時以簡約設計爲優先，比起強調功能的商品設計更爲困難。其實我們也和廠商吵過好幾次。

ND：如何將設計師的意見活用於經營呢？

—— 設計師也必須具備企業家的頭腦，單單提供點子或意見，無法稱得上好的設計師，還必須具體提出對業務或商品的意見。

設計師應當具備優秀的視覺化能力，可以馬上將想法具體化，但是畫圖時不應該只提出半成品，必須一併填入「方針」，提供明確的整體構想。如此一來，企業也比較能理解設計師的理念。

部分企業也許覺得設計師無法理解數字，其實並不是這麼一回事。如果企業能把設計師當成經營上的軍師，日本企業應該可以更加茁壯。

擴展無印良品的設計

3D列印開拓新的可能性

利用3D印表機，為設計增添一點小巧思，
打造新商品，已經成為一股新的風潮。
正因為無印良品的設計簡約平實，才能擁有無限可能性。

　　日本的設計公司TAKT PROJECT利用3D印表機提供獨特服務，為製造與零售產業帶來新的可能。這項嘗試是利用TAKT PROJECT的原創零件，加上既有商品，打造全新商品。TAKT PROJECT在網路上提供原創零件的3D資料，消費者只要利用3D印表機列印，便能組裝新的商品。

　　原創零件具備多項優點：開發新的市場、只銷售3D資料給消費者，無須擔心多餘的庫存、透過網路銷售，可以迅速掌握哪些商品賣得好。TAKT PROJECT稱這次的嘗試為「3-PRING PRODUCT」（與Sampling諧音，意指「試驗樣品」）。

利用零件，改造原本的塑膠容器

　　例如開發綠色零件，連接無印良品的多用途透明收納盒和圓柱形木棒，就是一個很好的例子。加上這個綠色

為了連接既有的透明收納盒和圓柱形木棒，創造了三種新的綠色零件
（攝影：林 雅之）

圓柱形木棒套上綠色零件，裝在透明盒子的下方，再加上金屬提升周圍強度，為收納盒打造新的面貌與功能。（攝影：林 雅之）

的原創零件之後，收納盒就多了桌子和檯子的功能。

下頁圖則是藍色小型零件。利用藍色小型零件，便能連接多個收納盒，將之改造為更好用的收納架。

另一款透明收納盒，只要加上p.39照片中的紅色零件，容器便變成「燈罩」，再加裝LED燈具，就是獨特的塑膠燈具。

同款收納盒，搭配上黃色和藍色等不同形狀的零件，便能重疊多個容器，比起單一個收納盒，更便於使用，還能用來妝點室內空間。

除此之外，造型簡單的桌上型時鐘，加上獨特的腳架，看起來款式便截然不同。樸素的喇叭，也因為加上獨特的罩子，變得色彩繽紛。

無論是哪一個例子，特徵都是將既有商品視為一項零件或元素，藉由3D列印加上新的零件，讓既有商品面目一新。消費者列印時可以自行選擇喜歡的顏色。「試驗樣品」正如其名，透過各種零件，重新打造原有的商品，展現全新風貌。

從展示中，發現觀眾的廣大迴響

TAKT PROJECT代表取締役CEO吉泉聰表示：「3D印表機是新的潮流，隱含新市場的無限可能。雖然現在還未能具體化，不過我們還是希望能像這次的案子般，繼續推出以3D印表機製造物品的全新提案。」

挑選既有的商品時，鎖定了無印良品的多用途商品。配合無印良品的商

針對既有的塑膠收納盒，開發藍色
的小型零件。

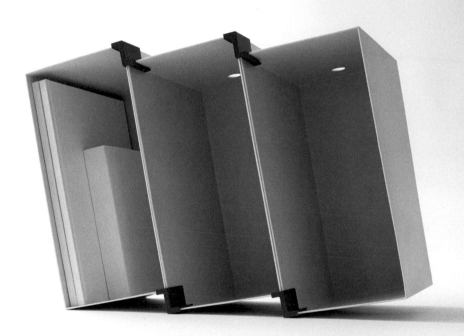

透過藍色零件，連接多個塑膠盒，組成可以分類收納許多物品的收納架。（攝影：林 雅之）

品尺寸，設計原創的零件。TAKT PROJECT並未堅持一定要使用無印良品，之所以會一開始便選擇無印良品的商品，應該就是因為無印良品設計具備平易近人的特性。

3D資料是利用SOLIDWORKS的軟體製作，適用於IGES和STEP等3D資料的標準格式，消費者比較容易上手。

部分網站已經可以下載商品的3D資料，但是多半止於個人開發的商品，正式銷售的商品依然不多。

吉泉聰如是期盼：「由於是透過網路銷售3D資料，可以請消費者針對商品提出評價，購買相同商品的使用者也可透過社群討論，讓我們藉此尋找潛在的需求。雖然目前我們仍在檢討今後的策略，例如網站提供3D資料的方式等等，但是不可否認，3D資料之後一定會帶來眾多的機會。」

吉泉聰同時也表示，其實2015年春天在東京涉谷舉辦3-PRING PROJECT的主題展覽時，已經獲得觀眾的廣大迴響。看來似乎已經從中掌握到消費者的反應。

但是銷售3D資料依舊有問題必須克服。消費者可能以超出強度的方式使用新商品，3D印表機也可能無法完美列印符合設定強度的商品。

TAKT PROJECT今後仍將持續探索，看市場出現何種需求、何種商品加上何種零件可以完成何種商品，繼續創造新的市場。

透明的塑膠收納盒，裝上藍色零件後便可以疊放（上）。加上紅色零件和LED燈具，便從容器變成燈具（中）。收納盒下方裝上黃色的零件，造型感十足，從容器變身擺飾品（下）。（攝影：林 雅之）

「把人變成馬鈴薯」的沙發是這樣來的！

無印良品的長賣商品「懶骨頭沙發」從2002年銷售至今，已經賣出大約一百萬個。懶骨頭沙發坐起來非常舒服，還有網友稱它為「把人變成馬鈴薯的沙發」，至今依舊話題不斷。以下請懶骨頭沙發的設計師柴田文江女士，談談開發當時的歷程，以及她對無印設計的看法。

日經設計（以下簡稱ND）：請問「懶骨頭沙發」當初是在什麼樣的背景下開發出來的呢？

──（柴田）當時無印良品與空想生活網站（現在名稱為CUUSOO SYSTEM）的開發方式是由好幾位設計師針對一個主題提案之後，透過網路收集顧客的意見，並加以商品化。我參加時的主題是「坐著的生活」。

當時無印良品的家具還不多，所以我覺得不適合推出正經八百的家具。我心目中最能展現無印特色的家具，應該介於家具與雜貨之間，形式不限定於椅子、墊子和抱枕，而是介於三者之間的商品。

從這個概念出發，我首先製作了商品原型，也就是設計形象的基礎。原本想用幾個沙包和可伸縮的布料，代替微粒抱枕。可是布料的尺寸比我想像得小，無法包覆沙包。

那時外面正颳著大風，沒辦法出門添購布料。於是我只好把手頭有的棉質手帕和伸縮布料縫在一起。

結果兩種伸縮性不同的布料反而讓懶骨頭沙發既具備椅子的功能，又能像坐墊一樣包覆身體，恰好就是我所

柴田文江

Fumie Shibata ● 設計領域橫跨電子商品、日常用品、醫療器材與旅館總廳等等，作品包括歐姆龍的保健商品體溫計（檢溫君）和9h（nine hours）膠囊旅館。獲獎無數，包括每日設計獎。擔任武藏野美術大學教授與2015年度Good Design Award評審委員長。著有《形體之內還有另一個形體》（暫譯書名，ADP出版）。

追求的設計概念：「介於椅子和地板之間的家具」。

ND：請教柴田女士，您對於無印良品有什麼印象。

——當時的無印良品比起現在，更能接受天馬行空的想法；另一方面，也還有點「鬆散」。懶骨頭沙發正是反映當時無印良品氣質的專案。

最近無印良品的設計已經不見「鬆散」，變得十分洗鍊。就算不去門市確認，直接在網路商店訂購，收到的商品也不會和想像差距太多。

無印良品不會做出讓消費者收到商品時抱怨「商品和照片不一樣」的商品，也不會使用讓消費者失望的粗糙做法和材質。我認為無印良品的商品

能讓人信任設計。如果現在無印良品要求我以相同的主題設計，我應該會提出完全不同的方案。

此外，遇到國外的客戶時，大家一定會提到無印良品。無印良品的設計已經超越形式，成為日本值得誇耀的文化。我身為商品設計師，經常接觸各種商品。然而創造品牌文化時，從傳遞商品與企業理念的廣告和目錄等溝通手段到門市等，所有接觸顧客的部分，都必須徹底設計。

代表日本的設計師在企業家身邊，真心的從各種角度思考和注意何謂無印良品的特色。因此無印良品才能成為受到眾人歡迎，也不會令人厭倦的品牌，並且持續成長。這從某些層面來看，不正是一種奇蹟嗎？

無印良品的智慧財產權訴訟

無印良品的設計簡約受到眾人喜愛，卻也容易遭人模仿。
良品計畫曾經要求其他公司停止銷售與無印良品類似的商品，
但是並未獲得法院認可。
本篇說明無印良品的簡約設計所引起的智慧財產權訴訟。

良品計畫旗下「無印良品」販售的半透明PP收納盒，是無印良品的經典商品，幾乎可以說是無印良品品牌形象的一部分。相信大家都知道這項商品。

無印良品將半透明的材質運用於許多商品上，提供眾多設計簡約、毫無贅飾的商品。與華麗的設計不同，正是這種不主張設計的「沒有設計」，建立起無印良品的品牌形象。

因此說到無印良品PP收納盒的特徵，就是沒有特徵的設計。即使是沒有特色的商品，大賣之後，市面上也會出現許多仿冒商品。

簡單的設計，能否享有智慧財產權，受到法律上的保障呢？良品計畫針對製造與販賣類似收納盒的伸和，要求中止製造和販賣收納盒與賠償其損失。以下將以2004年的這項訴訟*1為例，說明各種保障設計的方式。

兩種收納盒類似的程度

首先檢視無印良品和伸和的收納盒究竟相似到什麼程度（請參考右頁圖1、2*2）。

整體形狀為寬版的長方體，簡單結構包含盒身和抽屜。除了無印與伸和之外，市面上還有許多其他類似商品

圖1：無印良品的收納盒

圖2：伸和的收納盒

圖3：市面上可以看到許多類似
　　的半透明收納盒

圖4：部份商品就算不是半透明，
　　把手也類似無印良品的設計

（請參考圖3、4）。

　無印良品與伸和的收納盒，其盒身側面邊緣的溝槽和其他細部形狀的確有異。但是乳白色半透明的材質和把手形狀類似，一般消費者如果沒有看到盒子上貼的標籤，排在一起時恐怕無法分辨兩者有何不同。

　除了照片中的例子之外，同一系列當中，還存在多款設計類似的商品。因此不禁讓人思考，設計最為簡約的商品出現類似的商品時，究竟應該保護到什麼程度？而此類的設計應該受到保障嗎？

　保障設計時，應當綜合考量商品的歷史，與市面上已經出現的周邊設計，適當保障各類商品與個別的設計。保障收納盒等日常用品時，其指標在於選擇商品的觀點。簡而言之，便是消費者如何區別設計。

　如果市面上已經有許多類似的商品，還推出與競爭對手難以辨識的商品，就算不同品牌，一般消費者恐怕會誤以為是相同製造商或是相關企業的商品。因此，筆者個人認為此類容易導致消費者誤會的商品設計，應該受到法律保障。

雖然並不違反現行的法律

　本次訴訟的根據是不當競爭防止法（譯注：類似台灣的公平交易法）第2條第1項第1號所規定的商品等標示基準[*3]，爭論的焦點在於無印良品的收納盒是否具備「商品等同標示」特性。

　決定商品形態時，不一定會選擇能展現商品出處的設計。但是如果具備不同於其他商品的獨特形態，長期維持相同形態，而且市場上只有該商品採用此一形態；或是短期間以此商品形態強力宣傳時，大部分的消費者會將商品形態視為「商品等同標示」。這種時候，商品形態就可能受到不當競爭防止法第2條第1項第1號保障。

　法院以「無印良品收納盒各部份的形態已廣為人知」為由，認定「此收納盒的形態為一般四處可見的收納盒

形態的集合，此收納盒的整體形態所給予的印象，是此類商品中的一般商品」和「不具備可與其他商品區別的獨特形態」，判決「無法認定具備商品等同標示特性」。

但是判決也特意明示，四處可見的設計並非不受此項規範限制。

從設計師的角度來看，不當競爭防止法的這項規定門檻很高。除了不當競爭防止法之外，還有其他打擊仿冒品的規定。但是規定*⁴限制保護期限為商品開始銷售三年之內，且不包含商品一般的形態，因此無印良品的收納盒無法適用該項規定。

如果無印良品的PP收納盒具備設計專利，法院可能會判定和伸的收納盒設計類似。然而由於伸和提出「專利無效」（譯註：相當於台灣的專利舉發）判決的訴訟*⁵，無印良品的設計專利被視為無效。無效的理由是創作性*⁶。

從條文來看——法院的判決確實符合現行法規。然而如同照片所示，兩個收納盒的設計十分類似，相信許多人都無法接受無印良品的收納盒設計，毫無法律保障一事。

筆者認為既然已經有許多商品設計類似，是否代表廠商與設計師在開發新商品時，應當選擇與既有商品不同的設計呢？本次的問題似乎不應視為法律問題，而是道德問題。

（渡邊知子／律師）

*1 ●東京地方法院平成16年（ネ）4018請求禁止不當競爭行為等的二審訴訟案件（判決日：平成17年1月31日）
*2 ●無印良品與伸和各有好幾種不同尺寸和兩層以上的收納盒，照片只是其中一例。
*3 ●不當競爭防止法第2條第1項第1號針對眾所皆知的商品，規定不得製造和販賣與其設計（形態）類似的商品，導致誤認為他人商品或業務。
*4 ●不當競爭防止法第2條第1項第3號
*5 ●專利無效判決案件（無效2003-35132）和要求取消判決案件（平成15年（行ケ）565，判決日期：平成16年6月2日）
*6 ●意匠法（譯註：日本的設計專利法）第3條第2項

第2章

傳達設計

無印良品　無印

無印良品誕生於
日本走向泡沫經濟的時代。
在泡沫經濟崩壞、
人們的意識已改變的現在，
無印良品持續受到喜愛，
同時靜靜傳達著不變的思想。

不變的態度，刻意與流行保持距離

無印良品自誕生以來，一直朝同一個方向努力，
只要讀過它給生活者的訊息，就能清楚了解這一點。
它要展現的是不受距離與時間影響的「普遍性」。

無印良品一直希望將其存在的「理由」傳達給生活者知道，包括無印良品重視的事、想提供的價值、對自己的期許…。「良品計畫」這家企業——不，是與無印良品相關的每一個人，他們的想法都具體展現在「無印良品的訊息」當中。

從2002年〈無印良品的未來〉一文開始，無印良品宣告，他們所追求的是極致的「這樣就好」，目標並非成為高價品牌，也不靠廉價勞力大量生產低價商品。採用最合適的素材、制定最合宜的價格，追求以「素」為旨的極致設計——這即是無印良品。

這個想法從創業至今未曾改變，且自2002年起，無印良品持續每年向大眾傳達。不是高聲宣揚，而是謙虛有禮的說。

只要讀過這些〈無印良品的訊息〉，就能明確知道其思想主軸。不過，這些文宣品在視覺上，刻意與流行保持距離，也不多做解釋。遙遠的地平線、公園裡的長椅、正在紡紗的手……觀看的人不同，從中接收到的意義也各異。而無印良品只是靜靜的全然接納這些不同詮釋。

無印良品的藝術總監，同時也是顧問委員的原研哉，以「空無」（Emptiness）來表現這個概念。所謂的空無，是一種隱藏於日本美學意識背後的感覺。只有在這種日本獨有的文化中，才能孕育出無印良品。

無印思想超越國家和地域的藩籬，廣受支持。能讓同一視覺、同一訊息跨越文化差異，引起共鳴，正是無印良品的真本事：「基本」、「普遍」。

無印良品2014年的形象廣告，除了日本，也在世界各地發表，所有地區的廣告視覺和文案都和日本一致。無印良品想要傳遞的訊息（也就是「價值」），跨越國家和地域的藩籬，廣受支持（左上：日語、右上：英語、左中：法語、右中：德語、左下：簡體中文、右下：阿拉伯語）

き直し、新しい無印良品の品質を実現していきます。

無印良品の商品の特徴は簡潔であることです。極めて合理的な生産工程から生まれる製品はとてもシンプルですが、これはスタイルとしてのミニマリズムではありません。それは空っぽのようなもの、つまり単純であり空白であるからこそ、あらゆる人々の思いを受け入れられる究極の自在性がそこに生まれるのです。省資源、低価格、シンプル、アノニマス（匿名性）、自然志向など、いただく評価は様々です。いずれにも偏ることなく、しかしそのすべてに向き合って無印良品は存在していたいと思います。

多くの人々が指摘している通り、地球と人類の未来に影を落とす環境問題は、すでに意識改革や啓蒙の段階を過ぎて、より有効な対策を日々の生活の中でいかに実践するかという局面に移行しています。また、今日世界で問題となっているもう一つの文明の禍根は、自由経済が保証してきた利益の追求にも限界が見えはじめたことと、そして文化の独自性もそれを主張するだけでは世界と共存できない状態になりつつあるということでしょう。おそらくは現代を生きるあらゆる人々の心の中から世界に必要にして利己を抑制する理性がこれからあふれ出てゆかない限り、世界はたちゆかなくなるのではないかと、そういうものへの配慮とつつしみがすでに働きはじめているはずです。

一九八〇年に誕生した無印良品は、当初よりこうした意識と向き合ってきました。その姿勢は未来に向けて変わることはありません。

現在、私たちの生活を取り巻く商品のあり方は二極化しているようです。ひとつは新奇な素材の用法や目をひく造形で独自性を競う商品群。希少性を演出し、ブランド化することで高価格を歓迎するファン層をつくり出していく方向です。もうひとつは極限まで価格を下げていく方向で、最も安い素材を使い、生産プロセスをぎりぎりまで簡略化し、労働力の安い国で生産することで生まれる商品群です。

無印良品はそのいずれでもありません。当初はノーデザインを目指しましたが、創造性の省略という法、そして形を模索しながら、無印良品は「素」を旨とする究極のデザインを目指します。

一方で、無印良品は低価格のみを目標にはしません。無駄なプロセスは徹底して省略しますが、豊かな素材や加工技術は吟味して取り入れていきます。つまり豊かな低コスト、最も賢い低価格帯を実現していきます。

このように、無印良品は生活の「基本」と「普遍」を示し続けたいと考えています。

無印良品

無印良品の未来

　無印良品はブランドではありません。無印良品は個
性や流行を商品にはせず、商標の人気を価格に反映さ
せません。無印良品は地球規模の消費の未来を見とお
す視点から商品を生み出してきました。それは「これ
がいい」「これでなくてはいけない」というような強い
嗜好性を誘う商品づくりではありません。無印良品が
目指しているのは「これがいい」ではなく「これでいい」
という理性的な満足感をお客さまに持っていただくこ
と。つまり「が」ではなく「で」なのです。

　しかしながら「で」にもレベルがあります。無印良品
はこの「で」のレベルをできるだけ高い水準に掲げるこ
とを目指します。この「が」には微かなエゴイズムや不協和
が含まれますが、「で」には抑制や譲歩をふくんだ理性が

無印良品的未來

　　無印良品不是一個品牌。它不將個性和流行商品化，商標受歡迎的程度也不會反映在價格上。無印良品已經預見全球消費未來的樣貌，並從這個角度去開發商品。不製造訴求「這樣最好」、「非這個產品不可」之類，容易讓人因喜愛而過度消費的產品。無印良品的目標，是讓顧客得到「這樣就好」，而非「這樣最好」的理性滿足感。

　　不過，「這樣就好」也有等級之分。無印良品希望將這個「就好」的層次，盡可能提升到最高水準。「這樣最好」隱約帶有自我與不協調之感；「這樣就好」則顯示出克制與讓步的理性。另一方面，「這樣就好」或許也包含著妥協和一絲不滿足，但提升其層次後，就能消弭妥協與不滿足。

　　創造一個「這樣就好」的價值體系，讓人能充滿自信的接受「這樣就好」，這是無印良品的願景。以此為目標，無印良品徹底檢視將近5,000項商品，實現新的無印良品品質。

　　無印良品商品的特徵是簡約。以合理的生產流程所製造出來的產品，雖然很簡約，但追求的並不是所謂極簡主義的造型，而是如同空無一物的容器一般。也就是說，正因單純、什麼都沒有，才能接納每個人的想法，展現極致的自在性。節約能源、價格合宜、簡單、無個性特徵（匿名性）、重視自然等，都是外界對無印良品的評價。無印良品不偏向任何一個，坦然面對所有評價繼續前進。

　　正如許多人所指出的，影響地球與人類未來的環境問題，已經過了意識改革或啓蒙的階段，現在應該進一步思

考，如何在生活中實踐更有效的對策。此外，今日世界日益嚴重的文明衝突，凸顯出自由經濟一直以來所追求的利益，已經出現瓶頸，而光是主張文化的獨特性，已無法與世界共存。

今後這個世界需要的不是利益獨占，或以個別文化的價值觀為優先，而是放眼世界、抑制利己的理性。如果不以這樣的價值觀改變世界，世界應該會變得更難以為繼。或許現代人心中已經開始對此感到擔憂。

誕生於1980年的無印良品，比起成立之時，現在更加注重這樣的問題，也將以同樣的態度迎向未來，不會改變。

現在，人們生活中充斥著兩極化的商品。其中一類是使用新奇的素材、引人注目的造型，以展現獨特性。它們訴求的是稀少性，提升品牌評價，以開拓喜愛高價產品的客層。另一類商品則是極力壓低價格，用最便宜的素材、盡可能簡化生產流程，並在勞力低廉的國家生產。

無印良品兩者都不是。一開始的目標雖然是「沒有設計」（No design），但也從中了解到，省略創造性，無法製造出優質產品。無印良品是在探索最適當的素材、製程及造型中，追求以「素」為宗旨的極致設計。

另一方面，無印良品不是只以低價為目標。雖然徹底省略不必要的流程，但也仔細研究、採用了各種素材與加工技術。也就是實現最豐富的低成本、最聰明的合理價格。

透過這樣的商品，無印良品希望如同指南針一般，持續呈現出生活的「基本」與「普遍」。

茶室と無印良品

写真は国宝、慈照寺・東求堂「同仁斎」。茶室の源流であり、今日云われる「和室」のはじまりとなった空間です。

慈照寺は、室町末期に、足利義政の別荘として建てられました。義政は応仁の乱という長い戦乱に嫌気がさして、将軍の地位を息子に譲り、京都の東の端で静かに書画や茶の湯などの趣味を深めていく暮らしを求めたのです。応仁の乱は義政によって始められたこの東山文化を発端として、日本の文化は新しい局面を開くことになります。

「同仁斎」は、そんな時代を過ごした書院。書院造りと呼ばれるこの部屋の風景は、明かりとりの障子の手前に、書を記すための張り出しをつくるなど、障子を間のて見る庭の風景が、日本の掛け軸を宿す張台の脇の違い棚には、書籍や道具の類が置かれています。ひしと義長く、深い陰翳を宿す室内に、障子ごしの光が差し込む風情。そして東求堂、障子や桟の織りなすシンプルな構成は、まぎれもなく日本の空間のひとつの原形です。

今日、同仁斎が国宝に指定されている理由もここにあります。この同仁斎で義政は茶を味わい、ひとり静かに心を遊ばせたのでしょう。義政が茶に交わった空間に息づいているのは、珠光もおそらくはこの部屋を訪れたはずです。室町末期、茶の湯は、室町末期から桃山時代にかけて確立されていきました。それは、大陸文化の影響を離れ、侘びが簡素さを見い出す試みで、茶祖・珠光は、日本独自の価値を見い出す、さらに武野紹鴎が志向を捨てて、冷え枯れたものの風情、すなわち「侘び」に美を見い出しました。さらに武野紹鴎が「日本風」、すなわち簡素な造形に複雑な人間の内面性を託すものの見方を探求しました。やがて千利休によって、茶の空間や道具、作法はひとつの極まりに。簡素さと沈黙。シンプルだからこそ、そこに何かを見ようとするイメージの多様性を入れることができる。利休はものの見方を、あらゆるなかに造形やコミュニケーションの可能性を見立てていきました。

このような美意識の系譜は古田織部、小堀遠州。

「同仁斎」と時代を超えて生まれた器は無印良品の白磁に見立てられ、茶の空間に讃えられている器は無印良品の始原へと受け継いでいく。簡素にして、簡素な美意識の源流をここに見つけることができます。

写真の中央に讃えられている器は無印良品の思想の源流をここに見つけることができます。

無印良品はコラボレーションとして誕生しました。茶室と無印良品。簡略化してはありますが、「見立て」ことの自在性。つまりどこにでも用いることのできる発想も同様。伝統的な白磁の産地、長崎の波佐見で誕生した「進の和食の器は、いずれも際だってシンプル」ですが日本の今日の食生活を考えていく、あらゆる食卓への対応を考慮した果ての簡潔さを体現して

五〇〇〇品目におよぶ商品で現代の多様な暮らともに日常の道具を、そして「桂離宮」のような建築「住まい」の形を探し始めています。現代の日本にもちろん、簡素さや「物」に価値や美意識を暮らし、収納の合理性、人それぞれの生活スタイルにあり方、収納の合理性、人それぞれの生活スタイルに「家」というテーマが見えてきました。既に住宅「木の家」の販売も開始されています。かつてウサギ小屋と呼ばれた日本の住宅ですが、資源や資材に恵まれない日本であれば、それらを無駄なく生かされた住まいの形こそ、あらゆるイマジネーションを受けとめられる自在性、その原像は、おそ現在、慈照寺・東求堂「同仁斎」、「裏庵」、「山雲床」、武者小路千家「官休庵」、「直入軒」、同「露地庵」、大徳寺玉林院

など「後の時代の才能たちに引き継がれ、茶道とともに日常の道具共に、そして「桂離宮」のような建築空間に息づいており、勿論、簡素さや「物」に価値や美意識を受け継いでいく無印良品の思想の源流をここに見つけることができます。

食品など、収納の合理性、人それぞれの生活スタイルに対応できる製品群はおのずと暮らしの形を創ります。床や壁の材質、キッチンに「家」というテーマが見えてきました。既に住宅「木の家」の販売も開始されています。かつてウサギ小屋と呼ばれた日本の住宅ですが、資源や資材に恵まれない日本であれば、それらを無駄なく生かされた住まいの形こそ、あらゆるイマジネーションを受けとめられる自在性、その原像は、おそ

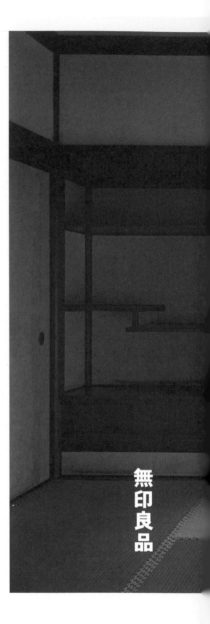

無印良品

www.muji.net

茶室與無印良品

圖為日本國寶慈照寺・東求堂的「同仁齋」。這個空間是日本茶室的源流，也是今日所謂「和室」的濫觴。以銀閣寺之名為人熟知的慈照寺，建於室町幕府末期，原為大將軍足利義政的別墅。義政對於歷時近十年之久的「應仁之亂」深感厭煩，便把將軍之位傳給兒子，自己來到京都東邊，過著享受書畫、茶道之樂的寧靜生活。這場應仁之亂將日本史一分為二，而肇始於義政的東山文化，也為日本文化開啓了全新的局面。

「同仁齋」是陪伴義政度過許多時間的書齋。這間屋子的建築形式稱為「書院建築」，在透光的日式紙門前，設置著可用來書寫的桌台。紙門拉開，映入眼簾的庭園景致宛如一幅掛畫。桌台旁的架子，可擺放書籍與器物等。在有著寬屋簷遮蔽、常籠罩於陰影中的東求堂裡，光線由紙門之間透入的風情，以及紙門格子、榻榻米等組成的簡單結構，毫無疑問就是日式空間的原型，今日同仁齋能冠上國寶之名的理由即在此。義政便是在這同仁齋裡品茶，獨自安靜享受悠閒時光。與義政以茶會友的「侘茶文化」始祖村田珠光，必定也曾到訪過此處吧！

日本茶道確立於室町幕府末期到桃山時代之間，擺脫中國文化的影響，試圖找尋閑靜、簡樸的日本獨特價值。茶祖村田珠光捨棄了豪華、以唐朝茶具為尊的崇外傾向，發現冷清孤寂之物的風情，也就是「閑靜」之美。接下來的武野紹鷗，更進一步探求如何將複雜的人性內在，寄託於所謂的「日本風」，也就是簡素的造型中。到了茶聖千利休，茶道的空間、道具及儀式作法，真正確定下來。簡素與沉默。正因簡單，所以好像可以從中看出什麼。千利休也從觀察事物的多樣性中，發現了造型與溝通的無窮可能性。

這個審美意識的脈絡，由古田織

部、小堀遠州等才華洋溢的後人繼續發揚光大，表現於茶道與日常器物中，以及像「桂離宮」這樣的建築空間裡。當然，現代的日本也承襲了此一脈絡。而在簡約中表現價值和審美意識的無印良品，思想也是源自於此。

照片中央所放置的就是無印良品的白瓷茶碗。這樣的呈現，能讓人遙想起日本審美意識的源頭，欣賞茶室與無印良品跨越時空的合作。

無印良品的產品雖然簡單，但並非只是為了壓低價格而簡略化。而是採用合宜的素材和技術，追求不論任何人、在任何地方都能使用的自在性。也就是能依「呈現」方式發揮無限可能性的物品。照片中的茶碗即是如此，產自傳統白瓷產地長崎縣波佐見的一系列日式器皿，每一件看起來都很簡單，但這是在考量現今日本飲食習慣之後，希望適用於任何餐桌所呈現出的簡約感。

以將近 5,000 種商品呈現出現代生活的多樣化，無印良品也開始延伸觸角，探索「居住」的型態。衣物、生活雜貨、食品等今日生活所需的諸多產品，都各自描繪著生活的樣貌。地板和牆壁的材質、廚房的型態、收納的合理性、什麼樣的寢室和客廳能符合不同人的生活風格，在思考這些的過程中，「家」這個主題就浮現了。現在，無印良品也開始推出名為「木之家」的住宅。過去日本的房屋有動物籠子之稱，但正由於資源與空間的限制，才能發掘出不浪費、還能活用居住空間的做法。其原點正是在茶室中所看到的自在性，以及能包容所有想像的簡約感。

現在，與白瓷茶碗一同出現於無印良品廣告中的茶室，有慈照寺東求堂「同仁齋」、大德寺玉林院「霞床席」及「蓑庵」、大德寺孤篷庵「直入軒」及「山雲寺」、武者小路千家「官休庵」。

在 2005 年之始，無印良品重新與這些空間展開對話。

無印良品ニューヨーク二号店が誕生しています。すでにMoMAミュージアムショップの中で親しまれてきた無印良品は、一昨年のSOHOの一号店、そして最新のチェルシー三号店とともに、すっかりニューヨークの街になじんできました。しかしながら、通りからながめる無印良品のお店は、日本のそれと全く同じ。どこに行っても、変わらないペースで、簡素の美を、静かに謳いあげています。

ニューヨーク、イスタンブール、ローマ、北京。二〇〇八年に無印良品はこれらの都市に新しいお店を出しました。世界のメトロポリス、ニューヨーク。かつては東ローマ帝国の首都コンスタンティノーブルとして、またオスマントルコの首都として約千五百年の長きにわたって世界の中心として君臨した都イスタンブール。そしてまさに世界文明の新機軸をつくったローマ。さらには今後の世界の中枢を担おうとする北京。この四都市に無印良品はくしくも同じ年に出店を果たしました。アジアの東の端の文化と美意識がこうして世界へと還流している背景には、とても深い感慨と、胸の高鳴る誇らしさを覚えます。そのいずれの都市でも、無駄を省き、低価格を目指すこと。しかしそれでも無数のさりげない暮らしに溶け込んでいるのです。まるで水のように。

無理をしないこと、背伸びをしないこと、暮らしの工夫を提供すること。酒のような華やかさではなく、水のように、いつも人の傍らにあり、慎ましやかで、不可欠で、低価格をも保証し続けること。全ての人々の普通の健やかさを保証し続けたいと思います。水は潤いを提供します。純粋であり続けることで、人々を魅了することはありません。穏やかな水は、年月を重ねることで、山をも削り、時には大きな自然の力をも秘めながら、あくまで悠々と、世界の隅々へ、人々の求める場所に、広がって行きたいと考えています。

世界は今、低調な経済の話題の中に沈み込んでいます。しかしこういう時にこそ、基本と普遍を丁寧に見つめ直し、一人でも多くの方々の暮らしに寄り添うことができればと願っています。どうか安心して、ゆっくりしたペースでいきませんか。無印良品はいつも水のように、あなたの暮らしを応援しています。

水のようでありたい

ニューヨークのセントラルパーク、午後三時。
十日前に生まれたばかりという娘を抱いたお母
さんとお祖母さんが、薄日のさすベンチに腰掛け
てのんびりしたひとときを過ごしています。世界
は今、大不況の嵐が吹き荒れていますが、人間の

無印良品

如水一般

　　紐約中央公園，午後3點。媽媽與祖母抱著剛出生十天的小女嬰，在薄日映照下，坐在公園長椅上享受片刻悠閒。世界正籠罩於不景氣的風暴中，但不論景氣好壞，人的幸福依舊以不變且普遍的形式存在。

　　在第40街上，《紐約時報》的新大樓正展現新面貌。這棟由建築師倫佐‧皮亞諾（Renzo Piano）設計的美麗高樓，已成為紐約新地標。無印良品紐約2號店即誕生於這棟大樓的一樓。無印良品在紐約現代藝術博物館（MoMA）已設櫃一段時間而廣為人知，再加上前年在蘇活區開幕的1號店、最新的雀兒喜區3號店，無印良品已完全融入紐約街頭。從道路上看向無印良品的門市，與日本的沒什麼兩樣。不論到哪裡，無印良品都以不變的步調，靜靜的、淡然的呈現簡約之美。

　　紐約、伊斯坦堡、羅馬、北京，2008年無印良品分別在這些城市展店。紐約是世界大都會；伊斯坦堡曾經是東羅馬帝國的首都君士坦丁堡，也曾經是鄂圖曼土耳其帝國的首都，君臨天下長達1,500年之久；而羅馬創造了世界文明中樞；北京即將成為未來世界文

化的新主軸。無印良品巧合的於同一年在這四個城市展店。看到亞洲東側的文化與審美意識以這種形式回流世界，讓人無限感慨與驕傲。無印良品在這四個城市中，早已是不可缺少的存在，已經融入那些土地上人們的意識中、生活中，就像水一樣。

無印良品不刻意、不逞強，只是累積生活的智慧、減少浪費、追求合理價格。即便如此，還是持續追求絲毫不輸給奢華品牌的簡約之美。

無印良品以水自許。水沉穩、不可或缺，總是在人們身旁提供休憩與滋潤。不像酒那樣的華麗，也不如香水般吸引人，但是因為它的基本、純粹，人們才得以長久確保健康。沉穩的水經過悠悠歲月，連山也可以削切，有時甚至展現擊碎岩石的巨大、自然力量。無印良品也想像水一樣，有那樣的力量，卻堅持悠然流至世界每一個角落，去到人們追尋的空間。

世界正籠罩於低迷的經濟話題中，在這種時候，無印良品更願意認真檢視基本與普遍，期許能夠陪伴在更多人身邊。請安心的慢慢前行，無印良品永遠像水一樣，為您的生活打氣。

無印良品的強項在於「感化力」

在田中一光過世後，原研哉繼任無印良品藝術總監。
身為顧問委員會一員、同時也是藝術總監，
他是如何看待無印良品？

日經設計（以下簡稱ND）：在無印良品的傳達設計上，原先生您重視的是什麼呢？

——（原）無印良品最強的不是說服力，而是「感化力」，讓人在手一拿到商品的瞬間，意識到「啊！原來有這樣的世界啊！」、「這樣就好」的能力。而在萌生這種意識的瞬間，那個人的價值觀便會產生很大的改變。這是因為產品傳達出背後的思考方式與哲學。

無印良品所蘊含的動能，我覺得不是設計的美感、功能性，或是概念上的事物，而是人類自古累積至今的龐大智慧。例如，製作桌子或椅子時，要選擇什麼素材、用什麼方法製作，

才能生產出好東西？像這樣的事，不是任何一個人自己想出來的，是人類在漫長歷史中鑽研改進，累積傳承至今。這些知識的累積，就存在於物品背後，而無印良品將它呈現出來。

日本人已經知道這些事，或許會覺得理所當然，不過，像是中國，或是無印良品今後打算要開發的新地區，只要有人透過無印良品理解到「原來如此，是這樣的哲學觀啊！」在那瞬間，他的價值觀就會改變。我認為，這種感化力，正是無印良品最強大的能力。

同時，就和在祭典中抬神轎一樣，「大家一起抬」的感覺很重要。無印良品現在的商品雖然超過7,000種，但

平面設計師

原 研哉

Kenya Hara ●1958年生，武藏野美術大學教授，日本設計中心社長。除了「物品」的設計外，同樣重視「事件」的設計，並從事相關活動。自2002年起擔任無印良品藝術總監。包含長野冬季奧運的開閉幕大會手冊，以及愛知萬國博覽會的官方海報在內，經手的許多工作都和日本文化有深刻連結。

（攝影：丸毛 透）

「我們很重視透過傳達溝通，讓顧客也成為形塑無印良品的其中一人」

原研哉

理想狀況是，不會有某個特定商品讓人覺得「好厲害」，而是在一踏入陳列著大量商品的店裡，就能全盤了解無印良品的思維。沒有哪個產品特別突出，從一根棉花棒到線圈筆記本的形狀，以至於和顧客溝通的調性等，背後都是同一個思考方式。

此外，我們也希望來到店裡的顧客，都能成為抬神轎的一份子，所以無印良品的美術指導策略，很重視與顧客之間的傳達溝通。

ND：也就是說，商品、店面……每個環節都必須以這種「抬神轎」的感覺來統一。那要如何達到這一點呢？
——我們每個月會舉行一次顧問委員會會議。會中，我們四個顧問委員，不是採取分工，而是一起討論所有議題。產品設計師可能談溝通傳達的主題，傳達設計師也可能談論產品設計。顧問委員會的成員既各具專業，也是通才，都是透過多種角度與社會連結的人。我們會把在顧問委員會中討論出來的想法，更進一步納入無印良品的會議或企畫中。

會議中，我們不太說否定的話。如果要吹毛求疵，那真是沒有止境（笑）。所以我們不會那麼做，而是以「這麼做好像不錯」、「這個方向應該很好」，一邊想像未來的企畫，一邊思考或修正。大致都是在這樣的氣氛下討論。

ND：無印良品的感化力不只適用於日本，也適用於全世界，這和原先生您常提到的「空無」有關吧？

——空無這個概念，在外國人理解無印良品時，尤其重要。空無和簡單（simple）不同。所謂的簡單，是比較近期的發現，頂多是150年前的事。在西方，由於市民發起革命，建立起近代社會，而簡單這個概念，是從近代社會中誕生的理性主義所孕育出來的。日本人從西方學來簡約（simplicity）這個概念，但事實上，在西方發展出這個概念的300年前，日本就已經達到某種簡約了。

室町時代後期，發展出所謂的東山文化。書院建築的形式、茶道、花道、日式庭園、能劇等，都是在這個時代臻於成熟。日本人在那時候就已經發現，去除一切、什麼都沒有的樣貌，反而蘊含更能激發想像的力量。以茶道來說，在什麼都沒有的茶室中，主客相對。雖然看似什麼都沒有，但光是將櫻花的花瓣輕輕撒落於水盤上，就能讓人擁有彷彿在盛開的櫻花樹下品茶的感受。以最少的事物引發最大的想像，即是茶道。

能劇也一樣。明明是同一張面具，卻能比擬憤怒、悲傷、大笑等各種情緒。在一無所有的空白中，呈現各種想像，而且還能互相融會貫通，這可是非常重大的發現啊！

無印良品並不是單純去除裝飾，讓產品展現美感或現代感等，而是製作出極致的空無。不去限定產品的使用方式和形象，而是留下很多空間，以接受各種可能性。例如，剛開始自己住的18歲年輕人所選的桌子，和60歲夫妻要放在客廳的桌子，可以是同一張。不過，根據他們擺設桌子的方式和使用方式不同，營造出的氣氛也就完全不一樣。留白產生自在性，讓這種狀況得以成立。

更進一步說，無印良品的產品，不論是世界上哪個文化圈的人看到，都能覺得「這樣就好」。空無這個思考方式，不是東方獨有的概念，我認為，它在世界上有廣泛的普遍性。實際上，無印良品到海外展店時，也常有人希望我談談空無的概念。像法國人和中國人都很了解這個概念；而印度由於是發現「零」的國家，對空無的理解也很快。

ND：在傳達設計上，空無也是很重要的概念呢！

——最具象徵性的，應該就是「地平線」系列的海報吧！海報中只看得到地平線，除此之外什麼都沒有。我們不會高聲宣揚：「無印良品重視環保」、「無印良品嚴選各種素材」等，而是什麼都不說，只以視線和顧客交流。無印良品的文宣品，基本上都是以這種原則製作。

不同顧客對無印良品各有不同的詮釋。例如有人覺得無印良品環保，也有人認為它簡單、沒有設計的這點很好。怎麼詮釋都無妨，無印良品全部接受。我們不會絮絮叨叨的說明，只

要和顧客眼神交流，然後留白，這樣就好。

海報的模特兒選角、文字配置、照片調性和文案風格，都與流行做出明確的區隔。為了空無，和流行保持距離這一點非常重要。這種定位最困難，不可以是陳舊的，但也不能是流行的。看起來或許好像沒有刻意控制什麼，但為了達到普遍的中庸，事實上做了非常周密的控制。

ND：今後無印良品的課題是什麼？

——雖然無印良品的思想已經開始如野火般，在世界各地散播開來，但接下來也不是任其發展就會很順利。我

認爲，生活者的需求以及想變成什麼樣的這種欲望，必須提升層次，我稱此爲「欲望教育」。如果無印良品也能在這個面向擁有影響力，我覺得會是很棒的事。

畢竟無印良品的層次，就是顧客的層次。顧客的生活素養和思維如果提升，對無印良品的欲望和要求也會提升。所以，顧客擁有高水準的欲望，對無印良品來說非常重要。

我將企業和產品形容爲樹，而土壤的品質就是生活者的欲望品質。土壤的養分是否充足，端看生活者的欲望層次有多高；樹木是否健康茁壯，則取決於土壤品質。以這個角度思考，

就表示世上有歐盟的土壤、中國的土壤、日本的土壤等；而所謂的行銷，就是爲土壤施肥的行爲。設計的終極目的是欲望教育，發揮改變這些土壤的影響力。

檢視日本的「土壤」會發現，日本設計住宅的能力，也就是「住宅素養」，相較於歐美的一般水準低很多。在住宅素養低落的情況下，即使無印良品能提供7,000件商品，能做的還是相當有限。

目前，無印良品正在推行一個名爲「MUJI HOUSE VISION」的活動，這是以打造房屋與住宅爲主軸的教育活動。現在的日本，剛好是適合提升住

宅素養的時期。地價下滑，空屋增加──今後和歐美一樣，重新改造現有的房屋會變得理所當然。

無印良品已經讓生活者察覺到「這樣就好」的智慧，所以，教育生活者，讓他們能夠在成熟的房子、建築中愉快的生活，也是無印良品的重要任務之一。

在《去看「無印良品的家」》一書中，無印良品訪問了家具設計師小泉誠、《生活手帖》總編輯松浦彌太郎等購買「無印良品住宅」的人，將訪問內容整理成手冊和書。這些受訪者都很懂得住啊！

購買無印良品的房子很需要勇氣，因為周圍的人會跟他們說「還是去買知名建商蓋的房子吧！」買無印良品住宅的人，是那種即使受到阻撓，也會自己思考、做決定的人，果然也很懂得生活。

無印良品努力傾聽這些人的聲音，將訪問內容放在「MUJI HOUSE VISION」的網站上，也出版成書籍，希望盡可能將真實的參考案例介紹給更多人知道。

事實上，「MUJI HOUSE VISION」源起於「HOUSE VISION」活動，在這個活動中，建築師坂茂設計了「家具之家」。屋內沒有柱子和牆壁，支撐著天花板的結構，全都是收納家具。在這樣的結構下，打造出完全不浪費的清爽空間。由於無印良品從湯匙到家具都有很好的模組，所以產品的尺寸也能配合。這就是使用無印良品產品打造好感生活的典型例子。

HOUSE VISION目前正為了2016年的展覽，展開全新企畫。企畫內容是想像未來的能源、交通工具、農業、飲食等，並提出具體方案，看看企業和建築師對未來生活的各個面向有什麼樣的想法。

不只日本，我們也正在中國進行「China HOUSE VISION」企畫；而在印尼，有愈來愈多中產階級，也開始思考自己住家該有的樣子。日本和住宅相關的個別技術及產品，和車子一樣傑出喔！這些技術和產品，有多大的可能性出口到亞洲和世界各地，包含無印良品在內，希望能和日本的各大企業一起來思考看看。

HOUSE VISION 「家具之家」

商品開發也是和顧客一起進行

無印良品很重視與顧客之間的交流，
這個態度也貫徹在商品開發上。
而擔任要角的，就是生活良品研究所。

　　無印良品很重視這個價值觀：提供讓人能自信說出「這樣就好」的產品，以及「好感生活」所需的物品。就算是顧客想要，只要產品不符這個價值觀，無印良品就不會推出。這是無印良品的擇善固執。雖說如此，無印良品並不是不聽顧客的聲音，相反的，它一貫的態度，是積極了解顧客有什麼希望和點子，並反映於商品開發上。

　　生活良品研究所的網站「IDEA PARK」，是無印良品與顧客溝通的主要管道。生活良品研究所這個部門，透過網路，和顧客雙向交流資訊；而部門中的IDEA PARK負責收集顧客意見，像是「想要這樣的商品」、「希望能改善這個商品的某某部份」，肩負相當重要的職責。

　　IDEA PARK一年大約會收到8,000件顧客意見。此外，無印良品的客服部（透過網站、電話）一年則收到大約34,000件，由店頭工作人員負責填寫的「顧客意見表」（在賣場中接收到的顧客意見，或是從顧客反應中感覺到必須提出的改善策略），則有大約6,500件。全部加總，無印良品總部一年大約能收集近五萬件顧客意見，並反映在商品和服務上。不過，像是點子、期望、提案等和商品開發更直接相關的意見，接收到最多的還是IDEA PARK。

　　IDEA PARK收到的意見，首先會由生活良品研究所的兩位負責人確認，選出應該讓擔綱開發的各商品部知道

●IDEA PARK 處理顧客意見的流程

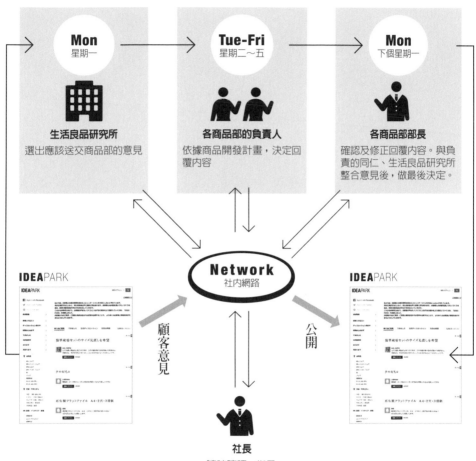

●支援市場調查

右）現行品中サイズ、右）試作モデル

2週間お使いいただいた結果は、試作モデルの方が評価が高く、デザイン、持ち手、付属ポーチ位置ともに6割の方が、サイズは9割の方が良いとされました。その他には、水切れが良い、安定しているという点も満足いただけたようです。
同時に改良希望もあり、「持ち手が細く太くて物の出し入れや別のカバンに入れる時にじゃまである」「中身が出ないようにして欲しい」というご意見をいただきました。このご意見に対しては、持ちやすさや中身が出にくいデザインを損わないような改良方法はないものか、所内で検討を進めております。

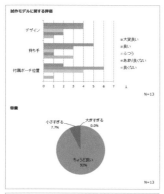

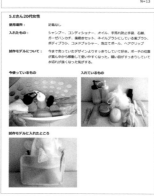

各商品部在商品開發過程中進行的市調，生活良品研究所也會提供支援，負責與顧客溝通，包括招募調查對象、在商品開發期間提供市調報告等。

的意見。這兩位先過濾顧客意見的人，是生活良品研究所的課長永澤芽吹和管理師萩原富三郎。

事實上，顧客的意見五花八門，過濾時的重點是什麼？永澤表示：「是看能不能讓人覺得無印良品有這個商品真好。」所以，有時候，即使收到很多顧客的期望，他們也可能不會採用。兩人的判斷能力，可說是無印良品商品開發力背後的力量。

挑選後的顧客意見，會透過社內網路傳達給商品部，各商品部負責的工作人員則配合商品開發計畫加以評估、回應。這些回應內容會在每個月金井會長出席的會議中，提出來報告。實際上，金井會長也能看到社內網路上所有顧客意見，據說，有時候他也會直接指示，要確實針對某個期望做出回應。

在網路上造成話題的迷你「懶骨頭沙發」，就是因應IDEA PARK收到的顧客意見，而決定重新銷售的商品。而「球型矽膠製冰盒」也是在很多顧客的期待下再次販售，結果馬上銷售一空。之後，不知從何時起，它就成了網路限定商品，現在則是家居用品部門的熱門商品。

●因顧客意見而誕生的熱賣商品

「LED手提燈」：從產生點子到商品化的過程，
都反映出網路上收集到的意見

在部份顧客熱烈支持下重新銷售，並成
為固定商品的「球型矽膠製冰盒」

「懶骨頭沙發」：同樣是因應網路上意見所開
發的商品。決定重新銷售這款沙發的迷你尺
寸，也是參考網路上的聲音

目前沒有銷售的「拖把箱」，當初是三個方案
中，最多網友支持的一案

1 「多用棉布」（美國）：回收麵粉袋製成的布，上頭印有美國字型圖像設計公司「House Industries」設計的圖案。

2 「蘋果箱」（日本）：用青森、岩手兩縣交界處森林砍伐的松樹所製成，用來裝採收的蘋果以競標，可回收重複使用。

3 「Kosher箱」（法國）：法國公家機構和公立圖書館用來保存公文的檔案箱。外形樸素，堅固的紙僅以釘槍固定，並以鍛帶打結封口。

4 「不鏽鋼馬克杯」（印度）：印度人日常生活中廣泛使用的不鏽鋼製品，這是標準形狀。

5 「青白瓷器皿」（中國）：以景德鎮的土和釉藥製成，千年以來都是這個造型。每一只的顏色都有些微不同，也是其魅力所在。

6 「青瓷杯・大」（泰國）：使用清邁的土和釉藥製成。外形雖然微胖厚實，但不失纖細感。翡翠色在泰國是帶來幸福與成功的顏色，所以青瓷自古就很受重視。

Found MUJI

培育及傳達無印良品的概念

發現世界各地的「無印良品」，擁有相同的價值觀。
這就是Found MUJI在做的事。
無印良品自創業以來不曾改變的思想，就在其中。

你知道「Found MUJI」嗎？這一系列商品，只在2011年開幕的「Found MUJI青山」旗艦店，和某幾家特定的

「蘋果箱」的製作情景。這個蘋果出貨時使用的箱子，對農家而言，也是農閒時期的收入來源。

攝於法國製作「Kosher箱」的工廠。Kosher是這間工廠創業者的名字，照片裡的人是第二代。

分店銷售。包括美國平面設計師回收麵粉袋所製成的多用棉布、法國製的灰色文件箱、印度人普遍使用的不鏽鋼馬克杯，也有中國和泰國常見的傳統陶瓷器。老舊的大木箱也是Found MUJI的商品之一，這是日本青森縣果農採收和拍賣蘋果時，重複使用的二手用品。

這些從世界各國收集來的種種商品，是社內工作人員親自到當地搜尋，以無印良品的價值觀為標準挑選出來的。也就是說，Found MUJI的商品，可說是無印良品以其鑑賞力所發現的「世界各地的無印良品」。工作人員不只在社內開發商品，也藉由在社外找出與無印良品共通的價值觀，以培養鑑賞力。

尤其必須提到的一點是，Found MUJI的任務，不只是採購及銷售這些

（*攝影：谷本 隆）

商品。藉由將這些從各地帶回來的樣品和照片等調查結果，讓公司內外的人看到、共享，Found MUJI也傳達了無印良品自創業以來不曾改變的理念。Found MUJI還扮演了溝通工具的角色，這一點也值得注意。

培養發現「無印良品」的鑑賞力

Found MUJI始於2003年。之後，無印良品走訪中國、韓國、台灣、法國、立陶宛等許多國家和地區，尋找當地的「無印良品」。至於成立旗艦店、活動愈益頻繁的契機，則是2008年年底的中國行。一行人包括Found MUJI的命名者，同時也是無印良品顧問委員的深澤直人，以及Found MUJI團隊。

那次中國行中，他們發現了Found MUJI青山等店目前在銷售的青白瓷。同行的良品計畫生活雜貨部企畫設計室室長矢野直子回憶道：「在一個像是大體育館一般的地方，有個只有屋頂遮蔽的市場，那裡有大量古董複製品，由於是手工製作，每個顏色都有點不同，千年以來不變的造型，讓人覺得很有魅力。」

無印良品剛創業時，在開發商品上很重視「探索」和「發掘」。不是製造富有設計感的裝飾性商品，而是要以適當價格，銷售依現代生活、文化及習慣而改良的日用品，這是最根本的理念。

矢野直子表示：「無印良品使用業務用白鐵和馬口鐵所製成的長銷商品，是改良自昭和時代以來一直在使用的日常工具。Found MUJI的活動，可說是這個做法的延伸。」

無印良品開始推動Found MUJI時，提出這樣的宣言：「展開超越時代與國境，發現無印良品的生活之旅」，並歸納出十個目的，其中關鍵字包含「文化傳承」、「手工製作之美」，以及「地方特有」、「生活用品」、「對當地有貢獻」等。

Found MUJI也可以說是一種全新的嘗試，藉由讓工作人員抽離無印良品的一般業務，以更全面的角度看世界，再次確認與發現，所謂無印良品的樣子是什麼。不是製作新商品，而是擷取各國不同文化和前人的智慧，將之轉化為無印良品的商品，這對培養工作人員的鑑賞力而言，也是難能

可貴的機會。

　　負責推動Found MUJI活動的企畫設計室，希望能將從世界各地得到的調查結果活用於商品開發上。實際上，也已有探訪各國調查後，開發出新商品的例子，其中最具代表性的是「橡木無垢材板凳」。

活用調查結果開發商品

　　Found MUJI團隊在訪問中國時，發現街上到處可見木板凳，於是開發出「橡木無垢材板凳」這項商品。當初，團隊想在當地找到製造來源，但當地人的回答不是「這是我祖父做的」，就是「木工做的」，所以團隊判斷這是很普遍的、沒有品牌的家具。Found MUJI的做法不是採購現成品來銷售，而是重新調整設計，做為新商品生產，並在多家店舖販售。

　　同樣的，無印良品也將在韓國發現的木製托盤、在法國找到的籃子等這些當地的日用品，重新設計為可銷售的產品。土耳其的奇林（kilim）毯子等織品，以及日本國產的陶瓷器等，也由於Found MUJI的發現，成了無印良品的固定商品。在這情況下納入無印良品旗下的商品，在Found MUJI的銷售成績都有提升，並能確保生產量和品質。

　　良品計畫生活雜貨部企畫設計室的長本圓提到，希望Found MUJI的調查結果，能讓更多同仁分享。她說:「之前的調查結果都是當作歷史檔案保管，希望能多公開應用於開發商品。」

　　在各國所做的調查結果，最後都歸納成簡單的手冊或投影片檔案，讓社內同仁參考。購買來的樣品則和照片一起保管於貼有標籤的箱子裡，據說這個方式會再改善，以便讓社內同仁更簡單取得調查資料。

　　在歷年來各種企畫中，「MY Found MUJI」尤其特別。這是請世界各地無印良品的工作人員，分別推薦當地物品。這個門市工作人員能主動參加的企畫，在凝聚共同理念上，可說是個有效方式。

　　不只是商品，無印良品也透過各式各樣活動和工具傳播理念。以Found MUJI的活動為起點，無印良品的周邊，也進行著讓更多人對其價值觀有強烈印象的傳達溝通。

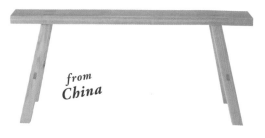

from
China

「橡木無垢材板凳‧大」
中國各地自古以來就使用的家具,沒有特定名稱的形狀是特點。
無印良品重新設計,將這個在中國到處都看得到的板凳變成商品。

from
Korea

由於 Found MUJI 的發現,
無印良品的新商品因而誕生

將調查結果活用於商品開發上

「木製方形托盤」
在韓國所發現的,平常用來擺放細緻器皿的木製托盤。也常看到托盤上
鋪著布的樣子。   *

「Tilo 橢圓形籃‧迷你」
在法國的市場中,常看到在賣這種形狀的籃子。使用的
素材是菲律賓的原生藤蔓類植物Tilo。

from
France

*

前往各國，以無印良品的「鑑賞力」觀察各地日常生活

與顧客共享

針對顧客,將調查的結果
編輯成冊,在店頭發送。
圖中的《世界之布》挑選
了奇林、羊駝呢等五種布
料介紹。

以各種方式共享調查結果

與社內同仁共享

針對社內同仁,將照片及
圖說整理成冊,作為社內
的共同資訊。照片中以長
尾夾整理在中國杭州所做
的調查結果。

My Found MUJI

與門市工作人員共享

「請找出你的Found MUJI。」「My Found MUJI」企畫，針對世界各地的無印良品工作人員提問，並將內容整理成冊。這個特別做法，讓門市工作人員和無印良品能凝聚相同理念。

宮島しゃもじ
宮島町 / 広島県

宮島しゃもじの由来が「御飯を掬い取る・飯取る」から「敵を飯取る」となり「幸運・福運・勝運」を招くものとされ、緑起物として高校野球の応援などにも使われています。毎日使うものだから、明日の活力に御飯をよそう…。丸みをおびて手になじみやすいお気に入りの1本です。

福山キャスパ　相川 綾

日本三景として知られる景勝地、広島県の宮島（厳島）でつくられているしゃもじです。桜の美しい木目となめらかな木肌が特長です。江戸時代後期、修行僧の誓真が、弁天のもつ琵琶と形が似たしゃもじを厳島神社の参拝客のお土産に売り出すことを島民にすすめたのがはじまりとされています。

日經設計（以下簡稱ND）：1980年代的日本，是朝著「提供愈多附加價值愈好」的方向前進，無印良品就是在這種時代誕生的呢！

──（小池）對，我們是有意識的逆勢而行。從「生活者」而不是「消費者」的角度來看，他們希望自己是什麼樣子、希望怎麼生活……人本來就有各種願望，而這和物品的關係又該是如何。我和田中一光、堤清二經常討論這樣的事。

雖然知道時代是朝著泡沫經濟的方

顧問委員專訪
經營者和創造者的共識，正是無印的力量所在

小池女士從無印良品草創之初就參與，
曾經手「有道理的便宜」等諸多文案，
現在則掌管連結無印良品與顧客的「生活良品研究所」。

Kazuko Koike●創意總監，無印良品創業以來的顧問委員。武藏野大學榮譽教授。2009年起擔任「生活良品研究所」所長。1983~2000年，創設並主持日本第一個非主流藝廊「佐賀町展覽空間」。2011年起，在佐賀町Archive（3331 Arts Chiyoda）舉辦美術作品、資料檔案展等其他許多企畫。

（攝影：丸毛 透）

向發展，但我們不優先考量經濟效益，而是提供確實來自生活的物品，以及「素」的原本價值，將「本質」的美好當作原點。這樣的想法，在創作者和經營者之間達成了共識。

所以，在撰寫文案時，也不是要宣揚什麼，或是先有任何想法，而是先好好研究我們應該提供的商品本身。

當時有句文案是「有道理的便宜」，每個商品背後，真的都有它們之所以便宜的故事喔！商品部所有同仁都很優秀，當時，雖然只是西友公

創意總監
小池一子

有道理的便宜（1980年）

司的一個部門，但只要看大家的商品
筆記，就發現每個人真的都很用功。
以我來說，我甚至希望將這個工作當
成一生的志業。在無印良品成立之
前，我就有這種感覺。

　　有一次，一光先生開完會搭計程車
時說到，「無印良品」有四個字，字
和字之間共有三個空間……最左邊的

空間如果是「素材」的話，那中間就
是「工程」。至於右邊，我們當時已
經很在意過度包裝的現象，因此，就
是簡化「包裝」。然後，馬上決定商
標，也很快得到批准，所以無印良品
的起步真的很幸運。

ND：一開始，成員間就充分取得共

沒有裝飾的愛（1981年）

識，之後這個共識也就不太會動搖。常聽到顧問委員提到「思想」這個詞，這表示創作者和經營者在最根本的部分是取得共識的。

——確實如此。就像是客戶和創意人員之間的信賴關係吧！真的是配合得很好，在無印良品做事，不會有那種「做那個不行、做這個不行」的感覺。

與其說是「概念」，「思想」這個詞還是比較精確。「思想」由兩個字所組成，邏輯思考的「思」，以及包含情感或者說情緒之類在內的「想」。那正是我們想對使用商品的人說的話，也是我常使用的詞彙……。

「在追求附加價值的時代，
我們有意識的逆勢而行。」

小池一子

ND：小池女士在無印良品主要是負責文案創意，您一直以來所重視的是什麼呢？

──現在有首歌很流行，歌名是「做原本的自己」（ありのままで），我重視的就是這個。80年代要是說什麼「做原本的自己」，人家會覺得你是傻瓜，畢竟在那個時代，每個女性也都是毫不服輸的往前進。不過，我們那時候就覺得，保持「素」的樣子、「本質」的樣子，還有事物原本的樣子就好了。

最具代表性的文案就是「自然、當然、無印」吧！無印良品2014年第二次使用了這句文案，但我當初是因為

看到和田誠畫的土星和兒童，而想到了這句話。我那時覺得「啊！就是要跟自然學習，那其中蘊含了理所當然的事情。」

這文案是1983年寫的，但最近金井會長說「還是那句話好」，就讓它復活了。我很意外，有點不好意思，但也很高興……。

在這之間已過了30年。雖然用的文案相同，但當時和現在的時代背景大不同。一個是必須反覆說明素材、工程、包裝這些事的時代；一個是版圖擴展到連歐洲也有據點，能盡情使用最好的亞麻素材的現在。即使如此，無印還是不變的無印。一想到無印在

這麼長的時間一直持續做的事，我就有很深的感觸"

ND：無印良品基本上沒有變，但也是有些部分因應時代做了改變。不過，以無印良品來說，那是最低限度的必要改變吧？

── 雖然經營者換人，但很特別的是，方向並沒有變。那是由於，從生活者的角度出發，還是無印良品最重要的事吧！但實際上，還是曾激發過小小的連漪喔！像有時候我也會嘀嘀咕咕的說：「為什麼要這麼在意其他公司？」

不過，顧問委員會的原先生、深澤先生、杉本先生，每一位都是他們那個領域最優秀的人。有顧問委員會在，應該就能避免無印良品朝奇怪的方向發展吧！

還有，我覺得，金井會長果然很厲害。事實上，我曾經有段時間暫停顧問委員的工作，也沒有去開會，但就在那時候，金井會長提到，希望打造一個場域，確實架構出無印良品的思考方式並且傳達出去。那就是「生活良品研究所」的構想。

我也覺得這想法很有趣，就說那我們一起做吧！並寫下關鍵字「回歸原點，思考未來」。也就是說，在這工作中要隨時意識到原點。所謂的原點，就是無印從一開始就很重視的生活者觀點，或是保持原本就好的概念。事實上，這句話也是對社內同仁的呼籲。反過來說，只要不忘初衷，做出不合常理的事也無妨吧！我這句話，也有這樣的涵義在裡頭。

我覺得，顧問委員會會議最棒的一點是，我們和製作產品的成員間關係非常平等，開會時很像在開讀書會，或是意見交流會。完全不是下面的人只能聽上面的人說話的那種關係，也不會宣揚什麼高深的理念。只不過，如果太不認真，杉本先生可是會大發雷霆啊！（笑）

無印良品的設計師，全都是編制內的員工，所以，很容易變成公司要什麼，設計師就做什麼的狀況。不過，如果能夠跟也很了解公司外部環境的人一起合作，就能同時吸收到兩邊的優點。

所以，有些設計師或製造東西的人，在社會這個大環境下，有自己無

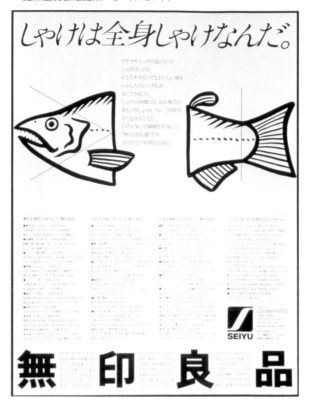

「鮭魚全身都是鮭魚。」（1981年）

論如何都想做的事情時，就會覺得，不如就和無印良品一起做吧！無印聚集了很多這樣的人。我想，在這一方面，大家也很期待無印良品能發揮帶頭的力量。

另外，我認爲，有一群創意人，他們希望傳承日本自古累積而來、可稱爲生活美學的事物，他們所做的就是無印良品的工作。雖然傳統日本住宅

不一定最棒，但這些創意人就是可以從中看出，像是接近自然的生活方式，或是對光的感受性等，日本文化中蘊含的美。

無印的特徵，是不太爲物品添加元素，反倒是用減法留下眞正的好東西。說到這一點，也就是所謂的匿名性。設計者的設計要對生活者有幫助是最基本的事，而大前提便是，設計

「自然、當然、無印。」（1983年）

者的主張不可以是多餘的。關於這一點，顧問委員會的成員確實扮演過濾者的角色。

ND：您覺得無印良品有什麼待解決的課題嗎？

—— 無印良品在很多國家和地區開店，獲得認同。相反的就表示，它面臨一個危險，那就是商品到最後可能都變得毫無個性。如果說無印有什麼危機，就是這一點吧！至於售價，商品價格如果能正當反映物品的價值，理當就沒問題，但光就金額來看，我覺得最好還是要推出高價的商品。在商品便宜才賣得好的現況中，不論如何就是會往低價的方向走，但無印良品希望能和可以思考物品真正價值的人一起前進。

後311時代的無印良品

迅速因應人們意識的改變

何謂「好感生活」？
無印良品經常關注著人們的生活、傳達資訊。
面對日本311大地震，無印也充分發揮這個傳達力。

2011年311大地震發生後，短短2個月內，電視廣告的環境及透過廣告想傳達的訊息，變化得非常迅速。首先，地震發生後的數十小時內，各家民間電視台呈現完全看不到廣告的特別狀態。之後，直到三月底，各電視台播放的幾乎都是日本公益廣告機構（AC JAPAN）所製作的廣告。

除此之外的少數廣告，也只限於傳達對災區的慰問、與災民聯絡有關的資訊、保險等實用的告知性內容。

之後，從三月底到四月初這個新的會計年度到來之際，電視廣告慢慢復活。廣告綜合研究所的主任研究員風間惠美子表示，這時期的廣告內容，主要是「訴求節約用電，以及希望傳達慰問、帶來勇氣」。

其中具代表性的廣告，是三得利公司的形象廣告。三得利公司邀請71位名人接力演唱「昂首向前行」（上を向いて歩こう）及「仰望星空」（見上げてごらん夜の星を）。此外，還有偶像團體SMAP演唱「夜空的彼岸」（夜空ノムコウ）的軟體銀行手機廣告。根據廣告綜合研究所的調查，觀眾覺得這些廣告「使人感覺平靜」、「歌曲讓人有印象」，對它們比較有好感。

針對如何愉快克服夏季，企業的促銷活動上也採取了不同的策略，以因應後311時代的變化。

「要度過炎熱夏季，注意飲食也很重要」、「正因炎熱難眠的夏夜會持續下去，所以，我們提供擁有深沉好

表●根據廣告綜合研究所調查，閱聽大眾對廣告喜好度的演變

2011年2月20日～2011年3月19日　東京5個主要電視台

順位	企業／商品名稱	廣告喜好度
1	AC JAPAN／公益廣告	1042.7‰
2	軟體銀行行動通訊公司／Softbank	336.7‰
3	KDDI／au	88.7‰

2011年3月20日～2011年4月19日　東京5個主要電視台

順位	企業／商品名稱	廣告喜好度
1	AC JAPAN／公益廣告	1316.7‰
2	三得利公司／形象廣告	166.7‰
3	軟體銀行行動通訊公司／Softbank	117.3‰

2011年4月20日～2011年5月4日　東京5個主要電視台

順位	企業／商品名稱	廣告喜好度
1	軟體銀行行動通訊公司／Softbank	151.3‰
2	愛詩庭（エステー）／消臭力	79.3‰
3	AC JAPAN／公益廣告	79.3‰

※‰為千分率，1‰為1000分之1

眠的祕訣」。

　　無印良品的促銷活動「今夏100個祕訣」，則是分享涼爽度過炎夏的方法。由於震災的影響，當年夏季面臨電力不足的窘境，這個活動就是提供能持續節約用電又可涼爽生活的解決之道，以生活中的智慧為基礎，推薦自家公司的各種商品。

　　像是讓人能在涼爽感覺下用餐的玻璃器皿、採用具清涼感的布料所做的日式便服「甚平」，以及吸濕與排濕性良好的藺草草蓆等。活動中，不以負面心態面對夏季炎熱，而是分享不用電，也能消除暑氣的智慧和巧思，傳達愉快克服今年夏季的訣竅。

　　「今夏100個祕訣」的活動，同時透過報紙夾頁廣告、無印良品店面，及網站等不同管道同步展開。無印良品大概每三年會舉行一次這種大規模促銷活動。6月3日起，則開始免費發放蒐羅許多生活祕訣的冊子，希望與更多人共享生活的智慧。

無印良品店内的「今夏100個祕訣」廣告展示物。使用插畫，介紹實用的夏季生活智慧。

敏銳因應人們生活的改變

　　這些商品並不是震災後才開發的，而是平常就有銷售的商品，也包括經過商品開發的過程後，已經能商品化的品項。因為在地震發生之後，還要臨時開發商品有困難，所以，商品還是原本就有的品項，但透過找出它們的新價值、重新編輯相關文宣品，以快速因應震災後人們生活的改變。這種快速因應變化的能力，正可說是後311時代必要的設計力。

　　事實上，在地震發生前，無印良品本來就計畫要推出以夏日生活為主題的促銷活動。不過，無印判斷，在震災影響下，人們的生活會有很大的改變。具體來說，是從有大量能源能用的生活，轉變成節能的生活。

　　因此，無印良品修正方向，將傳達資訊的主軸，調整為自家商品中的生活智慧，以因應社會的變化。活動名稱不是「夏季祕訣」，而是「今夏100個祕訣」，讓人強烈意識到，這是震災後的第一個夏天。

　　使用藍色線條描繪出的獨特插畫，也是為了因應消費者生活上的改變。在這之前，無印良品幾乎沒使用過插畫做為與消費者溝通的方式。就算使用插畫，也是選擇線條鮮明，不太具生活感的圖畫。

　　不過，由於不是要強調生活智慧，而是希望溝通的方式能讓消費者感覺心情放鬆，所以首度採用插畫。無印良品一直關注著社會及人們的生活，這次因應震災這個事件，使用和過去不同的表現方式，可說是很有無印良品風格的改變。

無印良品有樂町店中設有「今夏100個祕訣」專區（左），專區陳列的商品都有搭配活動廣告（右）。

「今夏100個祕訣」促銷活動的報紙夾頁廣告（右），介紹能涼爽度過「這個夏季」的智慧，與電風扇、食品等商品。

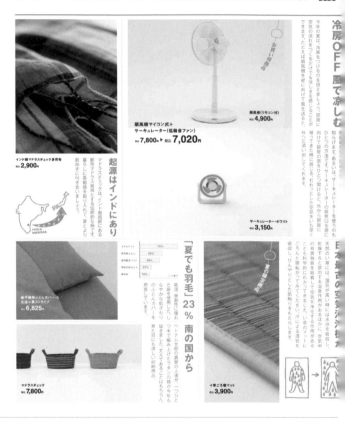

|Vol.1

この夏のコツ100

無印良品

今年はいつもより暑い夏になるかもしれません。しかし日本人には暑さを和らげるための昔ながらの知恵が、そしてここ無印良品には、夏を快適に過ごすための道具があります。この夏は、知恵と道具で乗り越えましょう。

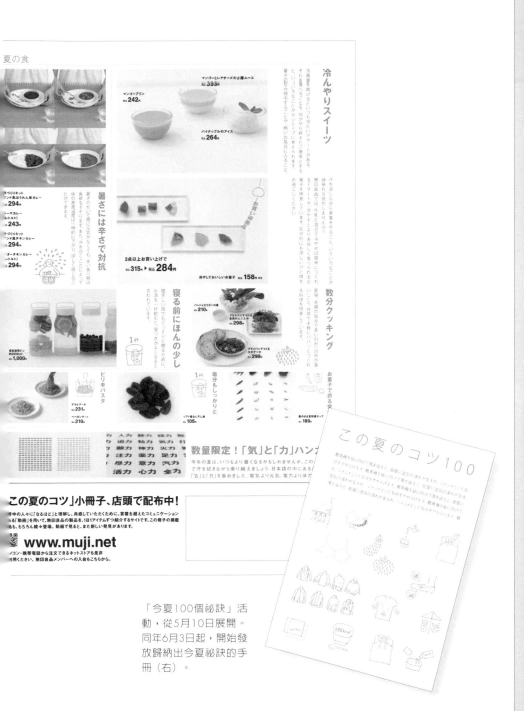

夏の食

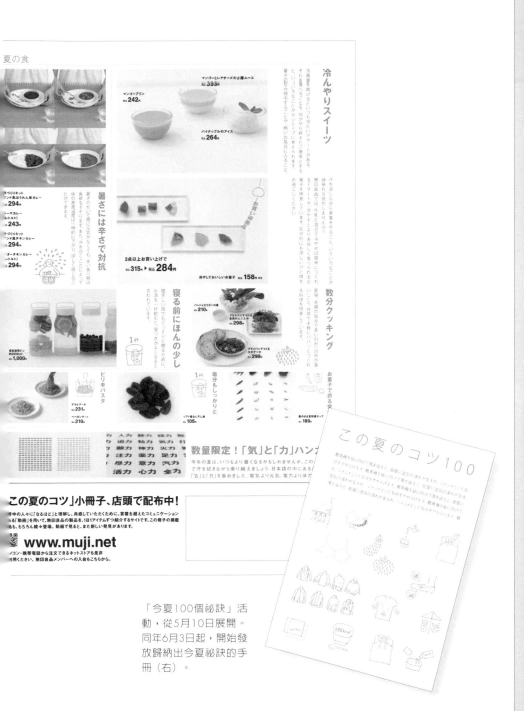

冷んやりスイーツ

マンゴーとレアチーズの2層ムース
税込 **355**円

マンゴープリン
税込 **242**円

パイナップルのアイス
税込 **264**円

2点以上お買い上げで
税込 315円 ▶ 税込 **284**円

冷やしておいしいお菓子 税込 **158**円 ea

暑さには辛さで対抗

手づくりキット
インド風ほうれん草カレー
294円

キーマカレー
（レトルト）
243円

手づくりキット
インド風チキンカレー
294円

バターチキンカレー
（レトルト）
294円

寝る前にほんの少し

保存調味びん
約2000ml
1,000円

ピリ辛パスタ

アラビアータ
231円

ペペロンチーノ
210円

数分クッキング

バーニャカウダーの素
税込 **210**円

フライパンでつくる
�& 炒めナポリタン
税込 **298**円

フライパンでつくる
カポナータ
税込 **298**円

気分もしっかりと

（ソフト）香ばし干し梅
税込 **105**円

素のまま夏野菜チップス
税込 **189**円

気 入力 魅力 協力 力
力 迫力 粘力 気力 力
つ 願力 伸力 火力 力
力 注力 張力 足力 力
ー 尽力 念力 汽力 力
活力 心力 全力

数量限定！「気」と「力」ハンカ

今年の夏は、いつもより暑くなるかもしれませんが、この
で汗を拭きながら乗り越えましょう。日本語の中にある「気
「気」と「力」を集めた。電気より元気、電力より体力

「この夏のコツ」小冊子、店頭で配布中！

帯中の人々に「なるほど」と理解し、共感していただくために。言葉を超えたコミュニケーション
る「動画」を用いて、無印良品の製品を、1日1アイテムずつ紹介するサイトです。この冊子の掲載
も。もちろん続々登場。動画で見ると、また新しい発見があります。

www.muji.net

ソコン・携帯電話から注文できるネットストアも是非
利用ください。無印良品メンバーへの入会もこちらから。

「今夏100個祕訣」活
動，從5月10日展開。
同年6月3日起，開始發
放歸納出今夏祕訣的手
冊（右）。

この夏のコツ100

97

第 3 章

門市設計

無印良品　無印

（撮影：白鳥美雄）

無印良品的思想
也徹底融入於門市設計，
當中隱含與日本文化相通的
「某項特點」。

永恆不變的基本 ── 木材、紅磚與鐵板

無印良品的思想是簡約無華。

這項思想不僅呈現在商品設計，同時也展現在門市的空間之中。

杉本貴志將於本篇說明各代表性門市的設計。

（攝影：白鳥美雄）

無印良品　青山1號店

開幕時間：1983年6月
面積：103m²
※2011年11月改裝為
「Found MUJI青山」

當初因為突然找到店面，我被迫在一、兩個星期之內，就得設計出青山1號店。青山一帶精品店林立，於是我大膽使用廢棄的材料，企圖與四周精緻的店面做出區隔。當時正好也是我開始對廢棄的材料產生興趣的時期。1號店只要更換陳列的商品，也可以變身為服飾店或是雜貨店。當時的商品品項與現在大不相同，門市面積也比較小，但是業績真的很好。（杉本貴志）

無印良品　青山3丁目店

開幕時間：1993年2月
面積：574m^2
※已於2012年1月歇業

青山3丁目店是當時無印良品最大的門市。由於空間寬敞，因此裝潢時使用老房子拆除後留下的樑柱，營造強烈的印象。我把木材的力量當作裝置藝術使用。居酒屋常常可見這種裝潢，但是一般不會用在零售賣場。商品陳列的方式也必須下功夫，所以我嘗試把原本無印並不常用的人形模特兒一整排放在牆邊等等。雖然自己也覺得好像有點誇張了，還好順利獲得接納。
（杉本貴志）

無印良品　札幌工廠

開幕時間：1993年4月
面積：396m²

札幌工廠是以古老的工廠遺跡改造而成的商場。我第一次造訪時，舊廠房尚未拆除，可以看到原本的紅磚牆，感覺很好。工廠歷經了數十年北海道的風雪，很有味道。我希望能發揮工廠原本的特色，於是在門市裡保留了部份的紅磚牆。此外，我還希望能在此打造無印良品最美麗的門市，所以也一併設計了貨架和支撐貨架的柱子等細節。這家店就像是無印良品的美麗代表。（杉本貴志）

MUJI　東京 Midtown

開幕時間：2007年3月
面積：660m²
※2013年4月改裝

我從無印良品創業初始便參與設計，直到現在，都還覺得無印良品就像我的孩子一樣。基本上設計門市的方式，從青山1號店以來都沒有太大的改變。設計概念是我認定的「自然」，也就是木材、鐵板和紅磚。設計六本木店時，我們終於開始對無印良品有自信，覺得不須刻意討好消費者，也無須勉強自己引人注意。門市一整面牆做成落地窗，可以看到外面的綠意。挑高的天花板和開放的空間，讓賣場顯得十分寬敞。這裡是充滿無印良品特色的代表門市。（杉本貴志）

MUJI 新宿

開幕時間：2008年7月
面積：983m²

隨著時代背景不同，無印門市也有所改變。新宿店的租金昂貴，需要陳列更多商品，以創造更高的營業額。幸好這裡的天花板很高，可以利用高貨架。貨架與商品櫃，因為各店不同的狀況而異。儘管如此，我還是希望能儘量保持相同的氣氛。雖然永遠不變，卻不會顯得老舊——這就是我心目中理想的無印門市。如果做成「現代流行的店面」，最多只能維持三年或五年。水晶燈般的獨特燈具是Meal MUJI的特色。（杉本貴志）

室内設計師
杉本貴志

無印是日本重要的創作

杉本貴志從無印良品1號店開始，便著手設計代表性的門市，
不但設計了全球旗艦店——中國成都店，也擔任顧問委員，
看著無印良品一路走來，他的「無印觀」又是如何呢？

日經設計（以下簡稱ND）：杉本先生擔任無印良品的顧問委員已經很久了。在每個月舉辦一次的顧問委員會議上，大家是如何進行討論呢？

——（杉本）如果沒有什麼特別的事，我不會講話。我不會說「這裡一定要怎麼做」這種話。其實顧問委員這個稱呼也是最近才出現，一開始是大家隨意的聚集討論，當時正好需要這種做法。

最早的聚會應該是因為要舉辦公司內部展示會，然後在展示會上推出各

Takashi Sugimoto●1945年生於東京，1968年畢業於東京藝術大學美術系，1973年成立設計公司「SUPER POTATO」。曾負責過許多商業空間設計，領域橫跨酒吧、餐廳、旅館的室內裝潢與商場的環境規劃、監製等等。主要的作品為「春秋」、「響」和「ZIPANGU」等餐廳的室內裝潢；近年來則以國內外的飯店室內設計居多，例如「凱悅酒店」（首爾、北京）和「香格里拉酒店」（香港、上海）等等。1984年與1985年連續獲得每日設計獎，1985年獲得室內設計協會獎。目前為武藏野美術大學名譽教授。　　　　（攝影：谷本 隆）

「正因為是日本，才會出現無印良品
無印良品傳承了《萬葉集》的精神」

杉本貴志

種作品。於是大家開始討論這裡是不是太誇張了、那裡是不是應該再加點東西。提出各種意見之後開始彙整，最後才慢慢形成顧問委員會的形式。不是先成立顧問委員會才邀請我們加入，而是當我們發現時已經變成顧問委員了。

無印良品創立才三十年左右，剛開始主打的是「有理由的便宜」，因此當時的商品簡單明瞭，像是碎掉的仙貝和斷掉的烏龍麵等等。在此之後，經歷了一段急速成長的時期，為了增加商品品項，出現了許多之前沒有的顏色、形式和圖案，無印良品的商品因而變得十分雜亂。我們是從一開始就看著無印良品成長，所以會彼此討論：「這樣有點不對吧！」

但是，其實沒有人知道什麼是真正的無印良品，就連我們顧問委員也不知道。沒有一條明顯的界線，區隔「這是無印」或「這不是無印」。

ND：這正是不可思議的地方。儘管如此，無印良品還是一直具備「無印的特色」。

—— 這其實也是很可怕的地方。說得誇張一點，只要貼上無印的標籤排在一起，看起來就是無印的商品了。從另一個角度來看，稍微偏離路線的點子才新鮮，於是想要提升業績時，路線就會偏掉，所以需要有人踩剎車。

顧問委員會就是從討論「何謂無印良品」開始。好像可以說是，在我們反覆討論究竟何謂無印良品時，一點一點淬鍊出無印良品的特色……這就是所謂的「下一步愈來愈清晰」吧！

顧問委員會的討論，至今仍具有強大的影響力，會議的主要議題只有兩項：「接下來要往什麼方向走」，以及「現在雖然沒有這類商品，但是無印良品想要試著推出看看」。

ND：對於無印良品而言，顧問委員會非常重要呢！

—— 顧問委員會剛成立時，有一位委員名叫田中一光。他非常喜愛無印良

MUJI新宿（2008年7月開幕）　　　　　　　　　　　　　　　　　　（攝影：白鳥美雄）

品，一直參與無印良品的工作到過世為止。與其說他是設計師，更像是位影響深遠的思想家。他對無印良品的影響之深，無人能及。

我本身也覺得，無印良品是日本非常重要的創作。正因為是日本，才會出現無印良品，而不是法國、英國或是美國。無印良品的背景充滿濃厚的日本特色，我認為一光先生之所以深愛無印良品，理由就在於此。正因為是來自日本的品牌，才會在美國受到歡迎，在歐洲受到歡迎，現在連在中國也受到歡迎。前些時候我去了中國成都剛開幕的分店，擠滿顧客的場面非常驚人。

無印良品當然重視每一項商品，但是更重要的是，設計概念充滿魅力。無印良品本身就是最好的設計概念。所以我們設計的時候必須注意，不能製造今年大受歡迎，兩三年之後就退燒的商品。我們的目標是今年是無印，明年是無印，後年也還是無印……一直都是無印。重要的是，不斷琢磨無印的本質。

有時候，無印良品的工作人員會到我的事務所（SUPER POTATO設計公司）辦公室，和我一起討論，例如負責服飾的工作人員會對我說：「雖然現在是這種風格，其實應該做另一種風格吧！」

其中也有從今年才開始負責服飾的年輕工作人員。為了讓他們了解自己搏鬥的對象，我有時會和他們持續討論長達一星期。雖然大家都大概知道無印應該是怎樣的，還是必須持續不斷的討論才行。

ND：您說無印良品是因為在日本才得以出現的創作，究竟無印良品什麼地方具備日本的特色呢？
——一光先生認為無印良品屬於本阿彌光岳等人的琳派（編註：日本傳統造形藝術的流派之一），但是我覺得，從文化層面來看，無印良品比較接近《萬葉集》。

《萬葉集》的作者多半是無名氏，

無印良品東京中城（2007年3月開幕）　　　　　　　　　　　　（攝影：白鳥美雄）

收錄的作品包羅萬象。《萬葉集》之後是《古今和歌集》與《新古今和歌集》，雖然作品的水準是之後的這兩本合集較高，但是《萬葉集》直到今日依舊有著強烈的影響力，我覺得《萬葉集》就像日本文化的原點。

到了七世紀或八世紀時，和歌的世界開始出現一種「冰冷」的美學，之後衍生發展為茶道中的「侘寂」。「冰冷」與「侘寂」是日本文化的支柱，對許多事物影響深遠。

《萬葉集》當中收錄了一首和歌：「琵琶湖畔回頭望，不見花紅亦無綠，唯有湖畔破屋舊，正是秋陽西下時。」意思是回頭一看，沒有紅花，也沒有綠葉，只看到琵琶湖邊一棟破舊的房屋，這就是秋季的黃昏。這樣的場景有什麼好看的呢？其實什麼也沒有。儘管如此，這首和歌卻在日本流傳了千年以上。

如果是中國的話，會說舉頭可見到明月或是烏雲遮蔽等等，總是會有一些景象。但是日本卻是「不見花紅亦無綠」，而大家還對這樣的和歌有所共鳴，這是很有趣的現象。我想無印良品便隱含這種文化的精神。

說到設計，西方人做設計就好像是在「做」東西一樣，然而我們在無印良品使用廢鐵和二手材料所做的設計，卻不是那樣。因為是廢棄的材料，所以沒有價值，毋需加上紅花綠葉那些裝飾，我們不過是把廢棄的材料視為自然的代言人，放著而已。光是放著就足以表達感情，這正是我們的目標，就像《萬葉集》的和歌一樣，也無花紅亦無綠……。

打造無印良品賣場的方法 ①

展現豐富品項的魔法 —— 新式貨架

「銷售」也需要設計。
透過設計，可以讓大量商品一目瞭然又充滿魅力。
無印風格的視覺化陳列策略中，究竟隱含了什麼訣竅呢？

　　左右門市營業額的「視覺化陳列（Visual merchandising & display, 以下簡稱 VMD）」策略，愈來愈受矚目。無印良品非常重視VMD，這兩年來在新門市與改裝後的門市引進了高貨架。

　　以往，無印良品多半使用低貨架，打造視野開闊的門市。當時的目的是希望消費者只要站在一個定點，便能看遍賣場，掌握賣場裡各類商品的分區和位置。

　　新的貨架高度為220公分和240公分，超越了身高，顧客再也無法一眼看遍賣場。

比店內視野更重要的是？

　　儘管增設高貨架縮減了視野範圍，卻可以陳列更多商品。如果是150公分的貨架，大部分的商品都低於消費者的視線。就算可以一眼看盡整個賣場，視線也很難聚焦在商品上。

入口附近是最顯眼的地方。無印良品在此陳列最具特色的商品系列：服飾、生活雜貨與食品。

上方的照片是以往的賣場，貨架的高度主要為150公分；下方的照片是現在的賣場，貨架多為200公分以上。消費者視線所之處放置較多商品，展現最具無印良品特色的商品系列：服飾、生活雜貨與食品

before

after

121

女性服飾的陳列策略，強調季節感，利用人形模特兒示範穿搭，其他顏色與搭配的飾品也一目瞭然。

織品貨架上的樣品，放置於手容易取
得的高度，以方便消費者動手確認材
質的觸感。

食品的展示以量制勝，企圖刺激消費
欲望。賣場設於門市深處，吸引消費
者走入門市，並四處逛逛。

良品計畫·業務改革部VMD課長松橋眾分析：「儘管面積不變，消費者卻表示『商品的種類變多了。』可見貨架低的話，顧客其實看不太到商品。」

無印良品的特徵是可以在同一家門市，買到「服飾」、「生活雜貨」與「食品」等各種類別的商品。如果可以透過視覺效果，告訴消費者商品繁多，應該可以刺激消費者衝動購物。實際上引進新貨架、改裝後的門市，營業額都比前期增加15～20%。

高貨架除了可以陳列更多各式各樣的商品之外，還可以藉由增加陳列的商品，備妥大量的庫存與不同的顏色，降低門市因為缺貨而錯失的銷售機會。松橋課長表示：「我們希望一兩年之後，達到半數門市都換成高貨架的目標。」

松橋課長在2005年時制定了「無印良品VMD的『三項基本』」，針對公司內部和門市舉辦教育訓練，傳達VMD的重要。

松橋課長認為：「想要提升門市的坪效，必須增加商品的數量。但是數量太多時，想要傳達的訊息和商品，反而會埋沒在其他商品之中。因此想要讓商品的價值達到最大化時，必須

2005年製作的「無印良品VMD的『三項基本』」，以「簡約」、「變化」、「協調」為基礎，將服飾雜貨、生活雜貨·食品、居住空間的陳列基本原則文字化，並舉辦公司內部的教育訓練。

思考應該把它放在什麼樣的地方、以多少陳列量展示。」

例如在織品賣場，讓顧客確認素材觸感的樣品，陳列於貨架上伸手可及的位置；營業額比例較高的女性服飾，則利用人形模特兒示範穿搭方式，並展示不同顏色。設置於門市深處的食品貨架，藉由陳列大量商品以強調份量，吸引消費者走進門市逛逛。雖然看起來十分井然有序，但還是會根據「服飾」、「生活雜貨」與「食品」的商品特性，調整陳列方式，這就是無印良品的VMD策略。

持續進化的VMD策略

業績扶搖直上的無印良品，
積極改革門市，藉由更理想的VMD，
目標是每單位面積的營業額提升10%。

良品計畫推出的無印良品，特色在於「服飾」、「生活雜貨」與「食品」等多種類別的商品，可同時在一家門市中買齊。如今，無印良品的商品品項已超過七千種，這代表消費者可以有效率的在同一間門市找到需要的商品，同時也表示門市可能會有「混亂、不易尋找商品」的缺點。

因此無印良品在2014年度到2016年度的中期經營計畫中，提出了三個關鍵字：「良好的商品」、「良好的環境」和「良好的資訊」，積極展開門市改革。強化VMD策略，展現無印良品的特色，目標是單位面積的營業額提升10%。

開發「良好的商品」，重點在於培育「世界戰略商品」。對於進軍全球，海外分店的數量，可能在這幾年超越國內分店的無印良品來說，提出全球市場亦能暢銷的商品，是非常重要的課題。世界戰略商品的數量約佔整體商品的4成，目標是營業額超越

(＊攝影：諸石 信、＊＊攝影：平田 宏)

無印良品Canal City博多的大廳，一走進門市就是「MUJI BOOK」的寬敞賣場　　　　*

整體營業額的5成。

　　世界戰略商品分為兩種，一種是良值商品，這是日常生活中不可或缺的商品，設定合宜的品質與價格；另一種是嚴選商品，雖然價格較高，但是能讓生活更加豐富，甚至因此改變生活型態。

　　這幾年來，無印良品積極引進220公分和240公分的高貨架，用以強調良值商品。高貨架讓種類繁多的商品更加顯眼，同時還有避免門市斷貨的優點。

　　另一方面，嚴選商品以家具居多。此類商品不能單純陳列，必須好好展現商品具備的價值。因此無印良品從2013年下半年開始引進木框，利用木材區隔空間，呈現生活中使用無印商品的各種場景，可說是打造「良好的環境」的一環。

　　業務改革部長門池直樹表示，無印良品的門市改革走到現在，已經邁入下一步，目前主要在規劃應該如何打

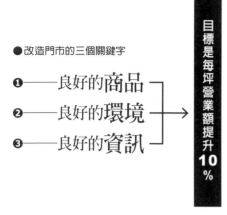

●改造門市的三個關鍵字

❶──良好的**商品**
❷──良好的**環境** →
❸──良好的**資訊**

目標是每坪營業額提升**10**%

大型門市的改革

造營業面積超過300坪的大型門市。」

充滿「發現與提示」的賣場

　　大型門市是當地的中心門市，市場也寄予期待，必須具備強大的傳達能力。此外，還必須提供「來到門市就會有新發現」等購物以外的樂趣。

　　因此無印良品在位於岡山市的西日本旗艦店「無印良品 AEON MALL岡山」（2014年12月5日開幕，以下簡稱岡山店）、九州最大的獨立門市「無

印良品 天神大名」（2015年3月5日開幕，以下簡稱天神大名店）和都會型旗艦店「無印良品 Canal City博多」（與天神大名店同時重新改裝開幕，以下簡稱Canal City店），挑戰各種新的商品陳列設計。

　　門池直樹表示：「大型門市的改革有兩個關鍵字：其一是提供『發現與提示』，另一則是『在地化』。」

　　「發現與提示」的目的，在於徹底介紹至今尚未充分傳達給客戶的商品

充滿「發現與提示」的賣場

(1) 傳達機能、特徵與特性
⇨ 藉由視覺快速清楚傳達「商品價值」

(2) 傳達製造的背景與態度
⇨ 透過了解「製造者的想法」,增加價值的深度

(3) 橫跨部門的「服飾、生活雜貨與食品的發現」
⇨ 賣場陳列,不受服飾、生活雜貨與食品等分類方式限制

(4) 展示實際使用的狀況與樣本
⇨ 透過門市的展示,促使消費者聯想到「生活的提示」

(5) 透過服務傳達
⇨ 藉由店員的溝通,傳達「商品的價值」

(6) 透過書籍傳達
⇨ 連結商品與生活的書籍,透過書籍讓消費者發現

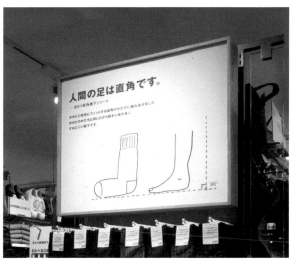

**

看板上介紹的是無印良品的熱賣商品「直角襪」,說明機能、特徵與特性。

在地化

透過無印良品的門市,了解當地
宣傳資訊與貢獻當地的活動
　　⇨ ex. 與在地創意工作者合作、開發活用
　　　　當地產業的商品

在AEON MALL岡山店中,揭示無
印良品熱賣的筆記本,是在岡山
縣內製造（左）;在天神大名店
則是引進久留米市的久留米藍染
（右）

*

**

強化型門市

從服飾、生活雜貨或食品當中,挑選適合當地的類別,大幅度強化。
打造充滿變化的賣場。
　　⇨ ex. 天神大名店 → 強化服飾
　　　　Canal City博多店 → 強化生活雜貨

*　　　　　　　　　　　　　　　　　　　　　　*

左:無印良品　Canal City博多　右:無印良品　天神大名

特性與製造背景，共有四大方向：（1）傳達機能、特徵與特性；（2）傳達製造的背景與態度；（3）橫跨部門的「服飾、生活雜貨與食品的發現」；（4）展示使用時的狀態與樣本，現在還加上（5）透過服務傳達和（6）透過書籍傳達。

「在地化」是透過無印良品的門市，讓顧客更加了解當地，同時也為門市所在地做出貢獻，具體來說就是企劃「可連結起在地的創意工作者與顧客的活動」。發現與提示、在地化，加上強化傳達資訊的機能，三者結合起來就是改造門市的第三個關鍵字：提供「良好的資訊」。

岡山店是西日本的旗艦店，為了發揮大型門市的優點，引進大量木框，展示許多室內裝潢的提案。此外，店內也充滿各種吸引消費者注意發現與提示的巧妙設計。至於在地化策略，則是和岡山縣北部林業興盛的西粟倉村合作，企劃西粟倉村的觀光旅行，並利用當地疏伐材開發商品。透過這些嘗試，剛開幕的岡山店營業額就比預期高出了20%。

天神大名店和Canal City店也採用了發現與提示和在地化的策略，兩者採用的方式各有千秋。Canal City店強化書籍部門，「MUJI BOOKS」的商品高達三萬冊。書籍賣場的大小為門市的17%，希望顧客透過書籍，獲得使用商品和生活方式的提示。

另一方面，天神大名店位於服飾與飲食之城，挑選「食品」作為在地化的主題，販賣九州各地的特殊食品。此外，天神大名店也創立了「re-muji」，是無印良品第一次挑戰販售二手衣物。以往顧客拿來的無印良品二手衣物，都回收作為生態燃料，現在將其中尚可穿著的二手衣物重新染色後，於博多天神店販售。

由於天神大名店與Canal City店都位於福岡市內，因此必須明顯區隔兩者的特性。天神大名店強化服飾部門，Canal City店則是強化以家具為中心的生活雜貨部門。無印良品的標準賣場中，服飾與生活雜貨的比例約莫35比65。天神大名店由於強化服飾部門，因此是50比50。Canal City店則和天神大名店相反，兩者比例是22比77。

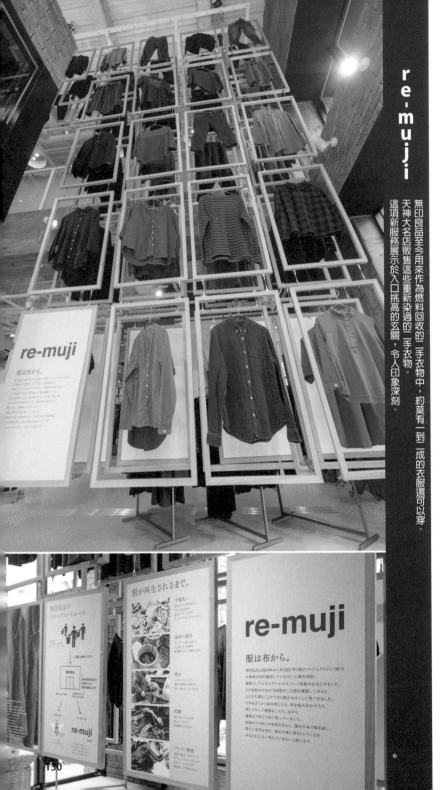

無印良品 天神大名

天神大名店於2015年3月5日在服飾與飲食之城——福岡的天神大名地區開幕。

位於鬧區大街的門市共有五層樓，大幅擴充服飾賣場，成為九州地區最大的無印良品門市。

賣場面積為625坪，Café & Meal MUJI部門的面積為54坪。

re-muji

無印良品至今用來作為燃料回收的二手衣物中，約莫有一到二成的衣服還可以穿。

天神大名店販售這些重新染過的二手衣物。

這項新服務展示於入口挑高的玄關，令人印象深刻。

市場感・熱鬧的氛圍

無印良品基本上是採用井然有序的陳列方式，但是天神大名店強調如同市場的感覺和熱鬧的氣氛，積極採用在天花板懸掛商品的陳列方式。

無印良品 天神大名

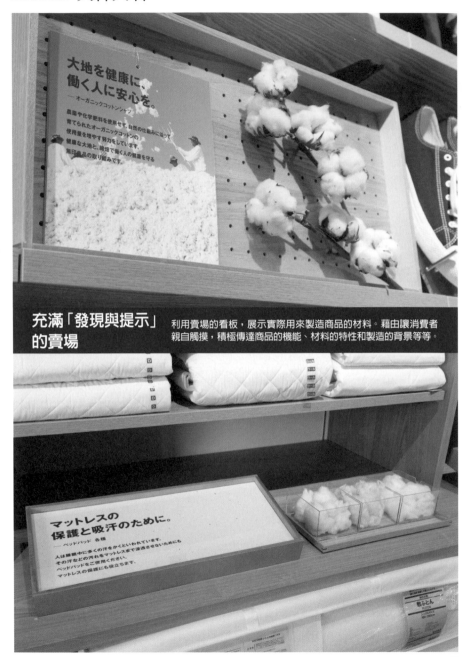

充滿「發現與提示」
的賣場

利用賣場的看板，展示實際用來製造商品的材料。藉由讓消費者親自觸摸，積極傳達商品的機能、材料的特性和製造的背景等等。

強化服飾

在服飾、生活雜貨與食品當中，天神大名店特別強化服飾。除了天神大名店之外，只有有樂町店和涉谷西武店才有男士西裝的半訂製服務。童裝與孕婦裝等服飾就佔了一層樓，看得出天神大名店想要積極提升服飾銷售量。為了強調材質，第一次嘗試不用人形模特兒展示，藉以強調衣服本身的存在感。

無印良品
Canal City 博多

配合天神大名店開幕，強化書籍與家居部門，大幅改裝後重新開幕。
MUJI BOOK 的書籍數量高達 3 萬冊。
賣場面積為 706 坪，Café & Meal MUJI 部門的面積為 43 坪。

強化生活雜貨

改造門市時強化家具等生活雜貨。

這裡是九州第一家提供「MUJI INFILL+」服務的門市，可以諮詢店員，挑選各種室內裝潢的用品。

也是無印良品第一次提供施工的服務。

無印良品 Canal City 博多

充滿「發現與提示」的賣場

這裡也積極打造充滿「發現與提示」的賣場，例如左方的照片介紹商品製造的背景與態度；右方的照片則是想像家長與小孩一起外出的場景，展示所需的童裝與生活雜貨。跨類別的展示，可促進「衣物、生活雜貨與食品的發現」。

在地化

門市裡設立「OPEN MUJI」，用以舉辦各種活動。Canal City 博多店會與九州當地的創意工作者合作。

*

書籍

編輯工學研究所協助「MUJI BOOKS」企劃、選書和營運。
賣場共有5個領域，分為「書籍、食品、素材、生活、服飾」。
賣場各處都放置了相關的書籍，促使消費者透過書籍有所發現。

無印良品
AEON MALL 岡山

2014年12月5日，無印良品在AEON MALL 岡山展店。無印良品由這家門市開始正式推動充滿「發現與提示」的賣場和在地化。這裡同時也是西日本的旗艦店，賣場面積為462坪。

充滿「發現與提示」的賣場

大量引進木框，強化關於居住空間的提案（左頁）。以「發現與提示」為題，介紹商品的機能、特徵、特性（右頁左方）和製造的背景（同頁右上方）。例如展示與T恤相同材質的被套，提醒消費者無印良品是橫跨服飾、生活雜貨與食品的品牌（同頁中間，跨類展示「服飾、生活雜貨與食品的發現」）；同時展示實際使用的狀況與樣品。

＊＊

無印良品 AEON MALL 岡山

 服務 無印良品也重視透過顧客與員工的溝通，傳達發現與提示。
顧客可在「香氛工房」和店員討論如何打造自己專屬的原創香味，
請店員當場調配精油。

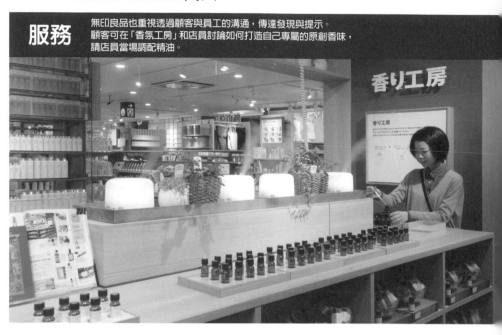

書籍 無印良品從 AEON MALL 岡山店正式開始於賣場各處陳列與商品相關的書籍。
藉由宣傳口號「○○與書」，提供顧客發現與提示。
照片中是園藝相關用品賣場的「森林與書」。

* *

在地化

利用岡山縣北部西粟倉村的疏伐材，企劃與製造不使用漂白劑的免洗筷等商品。透過與當地產業和創意工作者合作，創造讓顧客更加了解當地環境的契機，同時也對區域發展有所貢獻。

**

141

第 4 章

新的挑戰

無印良品　無印

無印良品涉足的領域愈來愈廣，
從日本到全世界，
從個人生活空間到公共空間；
此外，也和其他公司展開全新合作，
持續追求「好感生活」。

公共設計與無印良品

為成田機場新航廈妝點色彩的無印良品家具

在引起話題的成田機場第三航廈中，
陳列著大量無印良品家具。
因為符合經濟效益且富設計感，無印的公共設計也得到各界高度好評。

風格簡約的大廳。在色彩鮮豔的廉航櫃台前，擺設著無印良品的長沙發。

（攝影：丸毛 透）

　　良品計畫的品牌「無印良品」，也開始將設計擴展至公共空間這個新領域。2015年4月8日啓用的成田機場第三航廈中，候機區和飲食區設置的沙發、桌椅，全來自無印良品。無印良品的產品，在這麼大規模的公共空間裡大量使用，這還是第一次。計有長

沙發約200組，實木桌子約80張，椅子約340張。

　　成田機場第三航廈是廉價航空專用的航站。無印良品在規劃這個空間用的家具時，除了考量價格的合理性，也必須顧及設計是否與機場這個空中交通的大門相襯。於是，便以可量產

大膽且清楚易懂的標示，也是成田機場第3航廈的特徵之一。地板猶如操場跑道一般，以藍色指引出境動線，紅色指引入境路線。

●成田機場第3航廈簡介
面積：約6萬6千平方公尺
旅客容納量：750萬人／年
停機坪數量：國際線5個，國內線4個
年旅客量：約550萬人（預估）
通航城市數：國內線12個都市，國際線7個都市

的現有產品為基礎，開發出提升強度和耐久性的改良版。飲食區選用橡木實木桌椅，候機區則採用長沙發。在開發這些產品時，良品計畫的顧問委員暨產品設計師深澤直人，提供了許多建議。

候機區使用長沙發，而非一般機場常見的單人椅，是依據第一章說明過的「觀察法」收集到的結果。所謂觀察法，就是進行田野調查，訪問一般家庭等，以了解使用者實際上如何使用產品、有何困擾，並利用調查的發現與假設來開發產品。

在這個專案中，開發團隊前往關西國際機場等地，調查乘客使用廉航的實際狀況，評估他們所需的機場功能。從觀察得到的結果中發現，廉航的班機時間多為深夜或清晨，乘客在機場等候的時間很長，非常需要有地方能躺下來休息。

無印良品因此判斷，能容納多人舒服靠坐，也能讓人躺下來休息的長沙發才是最適合的家具。成田機場對於這個根據觀察法導出的提案，給予很高評價。

經成田機場招標採用的家具，比起一般零售用的產品更堅固耐用。例如，木桌的桌面厚度從原本的2.5公分增加到3公分，椅子的椅腳間加入橫桿補強，讓它更穩固。長沙發原本的木製椅背換成鐵製，沙發套也從可拆卸式，改為一體成型，並且在表面施以撥水加工，以防止髒污。

整個開發專案歷時半年左右。據悉，良品計畫今後也將擴大以無印良品產品來設計公共空間的事業。

日本國內機場中規模最大的飲食區，約有450個座位。除了實木桌椅外，也擺設了長沙發。

轉乘客運候車區的家具，以綠色統一視覺印象。

國內線登機室。長沙發的低椅背，讓視野開闊。

國際線登機室的感覺也很寬敞。

新商品的開發

無印良品與BALMUDA的合作

無印良品和家電業界的話題品牌BALMUDA攜手合作。
由於開發商品的方式，和無印良品過去的做法不同，
這次合作因此備受矚目。

152

2014年10月29日，良品計畫新開發的空氣清淨機上市。這是和BALMUDA公司共同開發的產品，良品計畫負責企畫、設計，技術開發則交由BALMUDA。良品計畫雖然以無印良品的品牌銷售過許多家電產品，但從零開始開發核心技術的產品，這還是頭一遭。同樣的，BALMUDA也是第一次將技術和專業知識，提供給其他公司。

這台新發售的空氣清淨機，特徵是使用新開發的裝置「雙重對轉風扇」。一個馬達裝設兩組風扇，使產品兼具輕巧與性能。兩組風扇各朝不同方向運轉，下面的風扇運轉，能吸入室內空氣，通過濾網，然後透過上面的風扇送出乾淨空氣。兩組風扇朝不同方向運轉，產生強大的垂直氣流，使室內空氣能大量流通。合作時，良品計畫對空氣清淨機的尺寸大小和設計提出想法，BALMUDA再據此開發出可發揮最大性能的機器結構，提供給良品計畫。

這台空氣清淨機繼10月29日在日本上市後，中國也從11月下旬開始銷售。之後，擴大至全世界無印良品分店。良品計畫正致力於擴大中國的店舖網，而中國由於PM2.5問題等，對高性能空氣清淨機的需求提升，這台空氣清淨機，可說是鎖定中國市場的產品。

在雙方高層協議下開始合作

良品計畫希望，在2014年秋冬售出2萬5千台這款空氣清淨機。良品計畫之前的空氣清淨機，一年最多大約賣

利用新發售的空氣清淨機氣流，讓紙氣球漂浮空中。正是因為垂直氣流很穩定，紙氣球才能一直停留在同樣位置。　　（攝影：谷本 隆）

3,000台。從這數字來看，2萬5千台是個非常具有企圖心的銷售目標。

2013年秋季，BALMUDA的寺尾玄社長直接提供技術給良品計畫當時的社長金井政明，這個開發案正式啓動。

良品計畫的家電產品，因其簡單且具一致性的設計感，深受消費者好評。不過，由於都是以委託廠商的現有商品為基礎來設計，功能不一定最新。藉由和BALMUDA合作，無印良品終於能讓一貫簡潔的設計與產品的高機能性結合為一。

另一方面，BALMUDA提供傑出的技術能力，不但能增加銷售自家產品以外的收入，與具有知名度的良品計畫合作，也可望提升大眾的信賴度。再者，BALMUDA和良品計畫的客層有所區隔，也是它決定共同開發商品的理由之一。在雙贏局面下，雙方可能再度合作開發第二項商品。

功能鍵設計簡約，很有無印良品風格。照片中的產品是試作版，接縫處稍微有點粗糙，正式推出的產品已改善這個問題。

正面呈現的外觀（左），以及
取出內部濾網的樣子（右）。
濾網將集塵濾網和活性碳濾網
合而為一。濾網上方裝設有新
開發的風扇裝置。

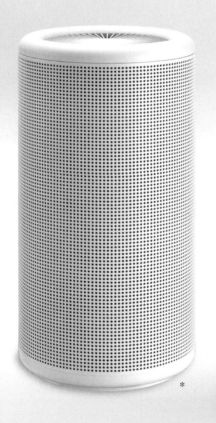

無印良品世界旗艦店在中國

無印良品在中國發展的氣勢正好。
2014年12月開幕的成都店，定位為「世界旗艦店」，
其占地面積之廣，傲視無印良品全球海外分店。

　　良品計畫2014年12月於中國四川省成都市，成立「無印良品 成都遠洋太古里」（以下簡稱為成都店），並將其定位為「世界旗艦店」。此店坐落於臨近鬧區、以古蹟大慈寺為中心的購物商場一角，占地面積在無印海外分店中堪稱第一。地下一樓、地上三樓，總面積廣達950坪，也是中國首家引進Café & Meal MUJI以及IDÉE家具的分店。為了加強服務，店內配置六名曾赴日接受教育訓練的家具配置顧問，以及四名穿搭造型顧問。

爲了完整傳達無印良品的世界觀，這家世界旗艦店定位爲「強化品項型」店舖：中國其他分店商品品項，平均約3,300種，成都店則有大約4,000種。

除了成都店限定的中國風女裝外，還有很多初次在中國分店銷售的商品，像是化妝品、自行車、三輪車、廚房家電、紅酒與日本酒等。此外，也有不少在全世界各分店中都看不到，僅此才有的特別陳列，比如極具特色的筆類展示台、芳香噴霧器的桌型展示台等。

成都店引進許多世界戰略商品，實現大量陳列策略，清楚傳達定位。例如童裝的圓桌展示台，最早就是用在成都店，後來日本旗艦店才跟著用。

成都店的成立過程很順利，來店客數及營收也都遠超過計畫中的目標數字。顧客群中有很多20～30多歲的女性，另外，情侶也是主要客層，週末也會增加很多闔家前來的顧客。

和其他分店相比，成都店的另一個特徵是服裝類的銷售成績亮眼。由此也可看出，成都店的童裝及健康美容區品項齊全，及用心規劃賣場所帶來的影響。另一方面，生活雜貨的營收占比，則比當初預期的60%低，第一季只有45%。今後，成都店將加強居家布置顧問應對顧客的能力，以提升營收。

室內設計師杉本貴志談「無印良品成都店」

成都店雖然是世界旗艦店，但店面的設計，基本上和無印良品一直以來的設計沒什麼差別。我設計時，幾乎不去考量顧客是日本人或中國人，以及民族性的差異或喜好等。或者該說，我刻意不去想。無印良品走在時代前端，是真正的全球化，它能超越所謂中國或歐洲這種不同地域的差異。不過，雖然成都店的設計和其他店沒什麼不同，但也加入一些新的元素，會讓世界其他分店覺得「咦，很有趣啊！」這就是無印良品一直以來的做法。

在成都店的空間裡，能感受到「非日常感」。不過，是以極為普通、簡單的物品來設計出這種感覺。比例上來說，其中8成是標準做法，剩下的2成是要呈

現出無印良品的風格。因為在中國，照著設計圖做出來的結果也可能跟設計圖不一樣。木製立方體並列於空間中，也是呈現非日常感的一環；吊燈也是。在一個個聚丙烯製收納盒中，放入小型LED燈泡，形成一面牆，整體透出朦朧的光芒，我曾在米蘭家具展發表過這種呈現方式，很受歡迎。（訪談整理）

1 定位為「強化品項型」的店舖，特徵之一便是大量陳列。陳列芳香噴霧器的桌子排列成一排排的做法，全世界分店中只有成都店才看得到。後方空間裡的木製立方體，形塑出不可思議的非日常感。

2 店裡可以看到很多將商品懸吊展示的做法，同樣也呈現出非日常感。

3 雖然讓人意外，但成都店是第一家銷售自行車和三輪車的中國分店。

6

4 **5** 成都店也是首次引進IDÉE
家具和Café & Meal MUJI的中
國分店。有很多顧客將Café &
Meal MUJI與宜家家居（IKEA）
的餐廳做比較，也有不少顧客
覺得它比較有新鮮感。

6 店內也有不少地區限定商
品，白色硬殼行李箱就是其
一。這是比擬白色熊貓的顏
色，以四川省瀕臨絕種的貓熊
及小貓熊（Ailurus fulgens）為
主題開發的商品中，也包括抱
枕及兒童襯衫等。

7 在日本也很受歡迎的空氣清
淨機。據說，當初是為了配合
成都店開幕而提早開發上市。

7

10

8 裝在聚丙烯收納箱中的LED
燈泡，散發出朦朧光芒，同
樣醞釀出非日常感。

9 11 成都店也是第一家使用
筆類展示台的分店。圓桌上
方的展示，營造出許多筆從
天而降般的視覺效果。

10 MUJI YOURSELF區也很受歡
迎，這裡有個人化刺繡和刻
印章的服務，印章台尤其受
歡迎。

11

14

12 童裝賣場。在特別加強品項
完整度的成都店裡，童裝的選
擇尤其豐富。無印良品在此首
度引進圓桌型展示台，之後也
使用於日本的大型分店。

13 成都店也是第一家銷售紅酒
與日本酒的中國分店。賣場中
到處可見古老的中國傳統家具
和用具，很有中國情調。

14 無印良品的廚房家電，也是
首次在中國銷售。

15 大型吊燈猶如Café & Meal
MUJI的象徵

15

Café & Meal MUJI

無印良品在中國愈來愈難以忽視

金獎

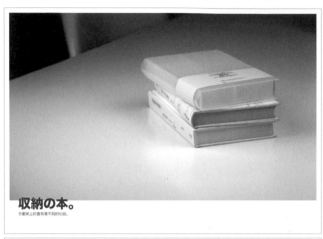

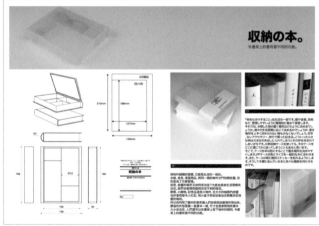

收納書

葉智泉（現居香港）

將物件歸類的習慣，已經成為生活一部份，但有時仍會碰到無法決定物品收納位置的情況。如果將收納盒做成書的形狀，就可以簡單的決定收納盒要放在哪裡。將無印良品聚丙烯收納盒轉換為一般書本的形狀與尺寸，書背上則可使用識別貼紙。也就是讓原本書架上的書本，增加收納功能的新發想。

無印良品朝向世界邁進，

其中又以亞洲，尤其是中國為最主要的重點。

無印良品也透過MUJI AWARD，發掘新的智慧和才能。

※ 這次金獎的作品有二件，銀獎從缺

石頭粉筆

小高浩平（日本）

小石頭造型的粉筆。小時候，常拿著小石頭塗鴉玩耍。希望塗鴉時的愉悅感及石頭讓人安心的觸感，
可以一直傳遞下去。

睽違五年之久，無印良品在2014年舉辦的第四屆「MUJI AWARD」，是針對包含中國在內的亞洲市場所傳達的訊息。無印良品和顧客的關係，不是給予（B to C），而是合作（B with C），雙方可以共同思考「生活中的恆久設計」——而這正是本次大賽的主題。

　　始於2006年的MUJI AWARD，目的是希望發現在全世界都能通用的日常用品，並對開發新商品及才能，有所貢獻。這次大賽的一大目標，便是要在無印良品的主要客群——中產階級大量成長的中國，讓更多人了解無印良品的思想和價值觀。比賽由無印良品（上海）商業有限公司主辦，2014年4月26日比賽結果發表及頒獎典禮

也在上海舉行。

　　這次MUJI AWARD非常成功，有49國的4,824件作品參賽，其中來自中國、台灣、香港等華語圈的作品占了四分之三。直到上屆為止，參賽作品大多來自日本，由此可知，華語圈對無印良品的關注，以及無印良品的存在感這幾年內快速提升。生活雜貨部・企畫設計室室長矢野直子表示：「具有無印良品風格的作品增加了，而帶有Found MUJI精神，從自己國家的傳統文化所發想的作品也很多。」

　　「我們正在評估將得獎的七、八件作品商品化。」企畫設計室顧問安井敏表示。快的話，近期內應該會宣布將得獎作品商品化，同時，得獎作品也預計在亞洲各國及日本舉行展覽。

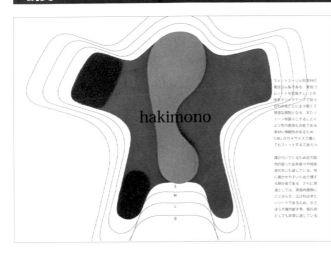

鞋履

有賀棟央（現居日本）

使用和潛水衣相同材質的發泡橡膠素材製成，並以魔鬼氈組合成輕盈舒適的鞋子。材質具伸縮性，穿起來更加服貼，也適合腳部無力的老年人或殘障人士。穿脫簡單，對看護者也很方便。打開後就是一塊布，搭飛機時可當機內鞋穿，攜帶也很方便。

門中門

DYUID22（盧家正／程雅婷）（現居台灣）

近年來，在少子化及物價飆漲的影響下，小坪數、房間少的房屋熱賣。目前在亞洲，小坪數的房子成了房屋市場主流。小型住宅的收納空間尤其珍貴，因此，我們在思考更有效率的收納方式時，重新定義門的概念，讓門也可以成為收納空間。

冰島連指手套

Fisherman（藤山遼太郎 /
杉田修平）（現居日本）

冰島漁夫使用的連指手
套，蘊含著寒冬捕魚時的
智慧。用槳划船時，往往
容易弄破或弄濕手套，此
時，無須更換新手套，可
以直接翻面繼續使用。

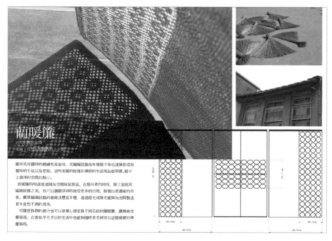

藺暖簾

孫孟閑（現居台灣）

將編織藺草的傳統技術運
用於窗簾。掛在窗邊的藺
草窗簾接受日照後，會散
發出濃郁草香。而透入窗
簾的光線，能在室內營造
不同投影，為空間製造更
多驚喜。可隨意拆卸的組
合，也可以依據心情更換
不同花紋，隨時享受自己
設計的樂趣。

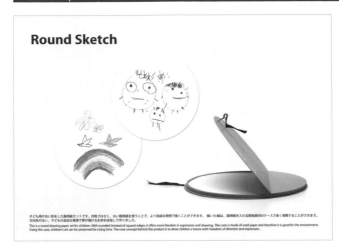

圓形畫紙

荒谷彩子（現居日本）

讓孩子們用來做畫的圓形畫紙。使用圓形畫紙，而非方形，可以更自由的描繪創意。完成的圖畫，可放在厚紙盒內長久保存。這個設計，是為了讓孩子們可以用不受拘束、自由自在的想法，來描繪自己的夢想。

評審與得獎者。媒體對這項比賽也很關注，共有數十家媒體來採訪頒獎典禮。

「無印良品之家」的目標

實現「好感生活」的住宅

「無印良品之家」的目標，就是打造一個
能讓人自信說出「這樣就好」的生活方式。
其中充滿了源自這種獨特思維而來的提案。

無印良品所發想的點子

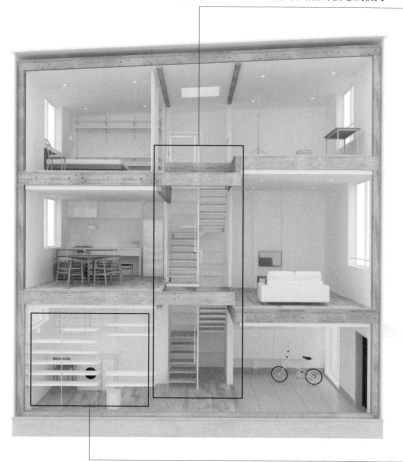

透過調查所得到的點子

「縱之家」的樣品屋模型。走進一樓玄關後，最裡頭
是浴室等會使用到水的空間。三層樓合計面積為
106.57平方公尺，長寬各為8.19及4.55公尺，售價
為2,538萬日圓（含稅）。

設於建築物中央的龍骨梯，區隔開不同空間，讓小坪數住宅也有寬敞空間，以及良好通風與採光。

「縱之家」是以建於都市狹小空間為前提的三層樓住宅。建築物中央的樓梯，以及樓面的高度落差是其特徵。建築正面的木板外牆，使用的是和歌山縣所產的杉木。

樣品屋一樓最裡面，將浴室、廁所、放洗衣機的位置，以及晾乾衣物、燙衣服等的家事空間，全都收在同一區。這是配合生活動線的費心安排。

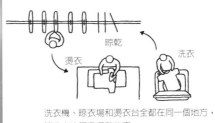

晾乾

燙衣　　　　洗衣

洗衣機、晾衣場和燙衣台全都在同一個地方，讓洗衣流程變得有效率。
牆上也有收納空間可放洗衣精及衣架等。

2014年4月，無印良品在相隔五年後，發表新的「無印良品之家」。這次的提案名為「縱之家」，是以建於都市狹小空間為前提的三層樓住宅。自2004年無印良品推出第一個住宅方案「木之家」以來，迄今已推出三種類型的二層樓住宅，現在也開始提供都市裡的三層樓住宅。

在「縱之家」可清楚看到，由無印良品發想的點子，與透過調查所得到的點子互相搭配得很好。與住宅結構有關的部份，是由製造端提出解決方案，而像是浴室等隔間配置，則來自透過問卷調查收集到的顧客意見。

無印良品採納來自眾人的生活智慧，並針對都市住宅面臨的問題，有自信的提出解決之道。藉由無印式的方法，讓這棟房子擁有一般小坪數住宅沒有的寬敞空間，且生活更方便。

要怎麼在有限空間裡住得寬敞？

「我們一般的印象是，為了能住在都市裡，就要忍耐狹窄空間。事實上，開發團隊中也有人認為，在都市中蓋獨棟住宅這個想法不太合理，集合住宅比較可行。不過，我們不斷思考，要在城市裡打造舒適生活，應該

提供什麼型態的房子、具有什麼性能，然後，提出了解決方案。」負責開發「縱之家」的MUJI HOUSE董事川內浩司表示。

「縱之家」追求的目標是，居住者既能享受都市的便利，又能在狹小空間裡愉快生活。那麼，為了解決小坪數住宅「狹窄」、「採光不良」、「寒冷」的問題，提供舒適生活的空間，無印良品能提供什麼樣的住宅？這項商品開發案，就是從提出這樣的問題開始。

無印良品把重點放在「樓梯」。三層樓住宅少不了樓梯，但不論怎麼縮小，還是會占去大約一坪的空間。很多小坪數房子為了讓空間更寬敞，會將樓梯設在房子角落。如果再以牆壁隔開，每個房間的空間自然變小。

「縱之家」在室內中央設置具有挑高感的龍骨梯，自然區隔開不同空間。藉由這個方法，每個區塊既各自獨立，一個樓層也能保有約十坪的大小。樓梯兩側的地板高度不一，營造各個空間的獨立感，並提升寬敞度。

設置於屋子中央的龍骨梯，還能確保光線和熱能流通的效果。為了解決「寒冷」的問題，縱之家以兩台空調

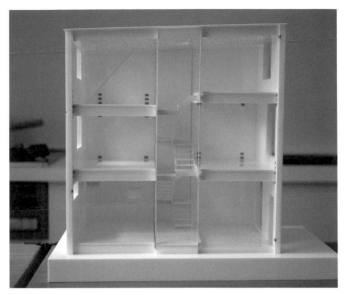

「縱之家」的樓梯兩側各有三個房間,共計由六個房間構成,採用兩邊地板高度有高低差的設計。天花板高度可配合房間用途調整。照片中是樣品屋展示的模型,可用來評估各個房間的天花板高度。

關於衣物洗滌的其他提問

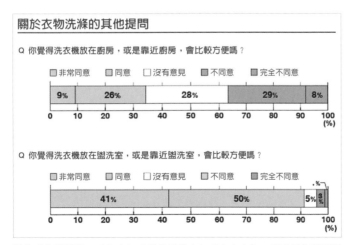

Q 你覺得洗衣機放在廚房,或是靠近廚房,會比較方便嗎?

□ 非常同意　□ 同意　□ 沒有意見　■ 不同意　■ 完全不同意

| 9% | 26% | 28% | 29% | 8% |

0　10　20　30　40　50　60　70　80　90　100
(%)

Q 你覺得洗衣機放在盥洗室,或是靠近盥洗室,會比較方便嗎?

□ 非常同意　□ 同意　□ 沒有意見　■ 不同意　■ 完全不同意

| 41% | 50% | 5% | 3% |

0　10　20　30　40　50　60　70　80　90　100
(%)

網站「集思好宅」(みんなで考える住まいのかたち),至今已收集超過10萬人對住宅的意見,並活用於無印良品之家的商品開發。2008年的「第2期第1回家事問卷」有2,967人填寫。結果顯示,填寫問卷者一面倒的認為,洗衣機最好放在盥洗室。

維持室內舒適溫度，並徹底提升隔熱防寒性。屋頂使用兩層具隔熱防寒性的材料，外牆也使用木質纖維的隔熱防寒材料，打造出冬暖夏涼的環境。

透過設計，同時解決三個小坪數住宅的缺點，因而誕生了能讓人自信說出「這樣就好」的新提案。

從10萬份問卷中發現顧客的期望

「縱之家」的房屋結構，是無印良品之家所發想出來的點子，而配合生活動線所安排的空間配置，則是反映出來自調查結果的想法。

樣品屋一樓最裡面，是根據問卷調查意見設置的家事室。這個空間包括可放洗衣機的位置、晾衣區，以及燙衣服的家事區，另外，像是浴室、廁所等會用到水的空間，也都一併設在這裡。將衣服丟進洗衣機後，可直接去洗澡，衣服洗好後，就在同一區晾乾。衣服乾了之後，要燙、要折、要收納等，和洗衣服有關的全部家事都能在這裡完成。

無印良品之家從網站「集思好宅」中，收集超過十萬人的意見，分析出其中的生活智慧與顧客需求。網站以家事動線這個主題做過幾次調查，得出的女性意見像是「洗衣、晾衣、燙衣這整個動線的位置，最好距離近一點」、「如果有個空間可專門用來做家事，會更方便」等，都活用於「縱之家」的設計上。

「縱之家」在室內空間使用的素材上，並沒有提供顧客多餘選項，這個做法也很有無印良品的風格。如果顧客對素材的耐久性和質感有不同的要求，當然也可以更換，但無印良品之家只會推薦符合無印良品價值觀的素

無印良品之家的銷售戶數

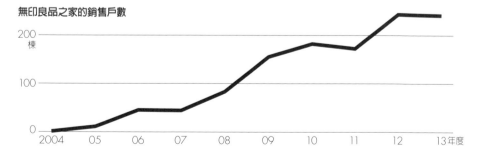

在推出「木之家」的2004年，雖然只賣出1棟，但銷售成績逐年成長，現在一年銷售近300棟。

材。很多建商會強調他們準備各式各樣的素材，好讓消費者自由選擇，但無印良品之家只會提供製造端認為好的東西。

無印良品之家自2004年開始銷售。第一年雖然只賣出一棟，但現在「能夠永久使用、可調整」的概念已獲接納，一年的銷售數字成長為將近300棟。雖然，無印良品之家的目標是到2015年年底，達到一年賣出500棟的成績，但MUJI HOUSE專務田鎖郁大表示：「我們的宗旨還是在於，提出讓生活更舒適的解決方案。」

在生活中占有最主要位置的，或許就是「住宅」。無印良品秉持信念銷售住宅這項商品，表現出它從創業以來一直持續提供「好感生活」的理念。

2004年「木之家」

2007年「窗之家」　　　　**2009年「朝之家」**

無印良品之所以一直是無印良品的理由

營收連續四期創新高，包含中國在內的亞洲市場快速成長。
在背後支持著良品計畫的，正是創業以來未曾改變的思想──「無印良品」。
這思想是如何一直傳承下來？

日經設計（以下簡稱ND）：貴社的業績非常好，您怎麼分析其中的主要原因？

──（金井）在我們流通業中，「銷售現場」非常重要。銷售現場的工作人員，必須對自己的工作和扮演的角色感到自豪，並對於「能為社會做出正確之事」的價值觀有共識。

現在，我們在這個方向上很一致。在提供「好感生活」的目標下，什麼商品是必要的？賣場的空間設計、背景音樂、陳設商品的道具、商品展示設計等，應該是什麼樣子？我們一直持續相關的討論。更進一步來說，有時候光是把商品陳列放在那裡，也很難將訊息傳達給顧客，所以，現場銷售人員透過進修，取得家具配置顧問或造型顧問的資格，以提升專業服務能力，希望能對顧客更有幫助。我想，像這樣提升「現場力」，是無印良品業績表現良好的主要原因。

ND：從無印良品創業開始，「設計」在公司經營上就占有重要地位。看起來，這部份完全沒有改變。

──正如您所知，無印良品的具體概

Masaaki Kanai●1957年生。1976年進入西友長野商店（現在的西友公司）就職，1993年進入良品計畫，擔任生活雜貨部部長，主導以家庭為對象的商品開發。歷任業務部生活雜貨部部長兼董事、業務部本部長兼董事、執行董事等職，2008年就任社長，2015年5月起擔任現職。

（攝影：丸毛 透）

無印良品

良品計畫會長 金井政明

念和名稱，是由田中一光先生爲主的創意人發想出來。這些人從某個意義來看，不是以「市場經濟」的邏輯在思考，而是以正好相反的「人」的邏輯在思考。這些創意人持續以「顧問委員會」的形式，對無印良品產生很大的影響。

不只是當時的西友公司，一般來說，企業這種組織，不管怎麼樣就是會朝市場經濟的方向發展。但這麼一來，所謂無印良品的這個概念就會消失不見。堤清二先生預見了這個可能性，所以成立顧問委員會，這應該是無印良品三十多年來，能一直保有創業精神的主要原因吧！

不過，這麼長一段時間以來，也是有過不少曲折。曾有一度，公司和顧問委員會的關係變得有名無實。從結果來看，公司朝市場經濟的邏輯運作，業績一定會下滑。2001、2002年業績跌至谷底，正好就是這樣的時期。

在2002年田中先生驟逝的大約半年前，因爲快退休，他還提到想介紹原研哉先生…。其實，本來應該是要慢慢交棒的，但田中先生突然過世。那時，公司和顧問委員會的關係已經有名無實了，再加上田中先生去世，業績更是急速下滑…。

當時我負責商品開發和業務，該說是重新爲品牌定位嗎？總之我希望再一次檢視無印良品的哲學，讓公司內外都能清楚知道，並就這個部分和原先生及深澤直人先生互相討論。呈現的結果，就是2003年發表的「無印良品的未來」這個廣告。在校稿階段，我和當時人在海外的原先生，是在「這點可以讓步、這個不行」的討論過程中，確定了廣告文案。這些文案統整了無印良品的產品製造方向，並產生凝聚力，從這點來看，我覺得那時候的討論很重要。

全球化的中小企業

ND：無印良品推估，到2017年，海外分店的數量就會比日本國內分店多。這麼一來，就是名副其實的大型跨國企業了。

——不，我們是中小企業（笑）。如果不是中小企業，就沒辦法繼續認真的說「不要爲了銷售製造產品」這種話。所以，雖然公司規模變大，但包括對於銷售現場的了解在內，一定要

無印良品からのメッセージ

2007
▸ 家の話をしよう

2006
▸ しぜんとこうなりました

2005
▸ 茶室と無印良品

2004
▸ 無印良品の家

2003
▸ 地球規模の無印良品

2002
　無印良品の未来

無印良品の未来

　無印良品はブランドではありません。無印良品は個性や流行を商品にはせず、商標の人気を価格に反映させません。無印良品は地球規模の消費の未来を見とおす視点から商品を生み出してきました。それは「これがいい」「これでなくてはいけない」というような強い嗜好性を誘う商品づくりではありません。無印良品が目指しているのは「これがいい」ではなく「これでいい」という理性的な満足感をお客さまに持っていただくこと。つまり「が」ではなく「で」なのです。

　しかしながら「で」にもレベルがあります。無印良品はこの「で」のレベルをできるだけ高い水準に掲げることを目指します。「が」には微かなエゴイズムや不協和が含まれますが「で」には抑制や譲歩を含んだ理性が働いています。一方で「で」の中には、あきらめや小さな不満足が含まれるかもしれません。従って「で」のレベルを上げるということは、このあきらめや小さな不満足を払拭していくことなのです。そういう「で」の次元を創造し、明晰で自信に満ちた「これでいい」を実現すること。それが無印良品のヴィジョンです。これを目標に、約5,000アイテムにのぼる商品を徹底的に磨き直し、新しい無印良品の品質を実現していきます。

　無印良品の商品の特徴は簡潔であることです。極めて合理的な生産工程から生まれる製品はとてもシンプルですが、これはスタイルとしてのミニマリズムではありません。それは空の器のようなもの。つまり単純であり空白であるからこそ、あらゆる人々の思いを受け入れられる究極の自在性がそこに生まれるのです。省資源、低価格、シンプル、アノニマス（匿名性）、自然志向など、いただく評価は様々ですが、いずれにも偏ることなく、しかしそのすべてに向き合って無印良品は存在していたいと思います。

　多くの人々が指摘している通り、地球と人類の未来に影を落とす環境問題は、すでに意識改革や啓蒙の段階を過ぎて、より有効な対策を日々の生活の中でいかに実践するかという局面に移行しています。また、今日世界で問題となっている文明の衝突は、自由経済が保証してきた利益の追求にも限界が見えはじめたこと、そして文化の独自性もそれを主張するだけでは世界と共存できない状態に至っていることを示すものです。利益の独占や個別文化の価値観を優先させるのではなく、世界を見わたして利己を抑制する理性がこれからの世界には必要になります。そういう価値観が世界を動かしていかない限り世界はたちゆかなくなるでしょう。おそらくは現代を生きるあらゆる人々の心の中で、そういうものへの配慮とつつしみがすでに働きはじめているはずです。

　1980年に誕生した無印良品は、当初よりこうした意識と向き合ってきました。その姿勢は未来に向けて変わることはありません。

　現在、私たちの生活を取り巻く商品のあり方は二極化しているようです。ひとつは新奇な素材の用法や目をひく造形で独自性を競う商品群。希少性を演出し、ブランドとしての評価を高め、高価格を歓迎するファン層をつくり出していく方向です。もうひとつは極限まで価格を下げていく方向。最も安い素材を使い、生産プロセスをぎりぎりまで簡略化し、労働力の安い国で生産することで生まれる商品群です。

　無印良品はそのいずれでもありません。当初はノーデザインを目指しましたが、創造性の省略は優れた製品につながらないことを学びました。最適な素材と製法、そして形を模索しながら、無印良品は「素」を旨とする究極のデザインを目指します。

　一方で、無印良品は低価格のみを目標にはしません。無駄なプロセスは徹底して省略しますが、豊かな素材や加工技術は吟味して取り入れます。つまり豊かな低コスト、最も賢い低価格帯を実現していきます。

　このような商品をとおして、北をさす方位磁石のように、無印良品は生活の「基本」と「普遍」を示し続けたいと考えています。

181

「顧問委員會會議，
是要讓眾人對價值觀取得共識的地方。」

金井政明

保持中小企業的精神。十年後、二十年後，也還是必須認真討論「什麼是好感生活？」未來的經營者也必須是有這種價值觀的人才行。

原本，無印良品就是因為反對狹義的設計——只為「銷售產品」、或「展現設計師個性」所做的設計而誕生，在1980年主張：「設計不應該是這樣吧？」而開始了無印良品。

從廣義的設計來看，公司經營也是一種設計。比方說，我們現在會收到車站或機場等公共設施的設計邀約。另外，香港的設計中心要打造一個年輕設計師聚集的空間，希望委託無印良品設計其中的住宿設施等…。在日本國內，我們也在思考，為了保護家鄉的山林，除了提供金錢方面的援助，還能做什麼。

設計，已經不單是指某個具體商品的型態。在今天這個時代，設計一詞的使用方式也必須改變。無印良品從很久以前就一直這麼說，從這個面向來看，我們可以說是一家「設計公司」呢！

ND：不過，貴社雖然提到設計不限於個別物品的設計，但無印良品其實連很細微的地方都做了設計。

——田中先生那個時代，從某個意義上來說，從事的是省略設計、提供簡素物品的設計活動。他們形容為「在商品開發的中途下車」，例如說垃圾桶的製造流程有十五道步驟，他們會省略最後三道印上卡通人物的步驟，就把這個東西當作商品。

不過，現在中國和亞洲各地的工廠愈來愈多，生產的結構也跟以前變得不一樣，省略某些流程，有時候反而會使成本提高。如今光是省略流程已經行不通了。

所以，深澤先生找了賈士柏‧墨利森（Jasper Morrison）、恩佐‧馬里（Enzo Mari）、康斯坦丁‧葛契奇（Konstantin Grcic）等許多設計師，一起重新設計。他們想從「人的行為與物品的關係」、「物品與其存在的空間的關係」等等角度，再一次檢視設計。深澤先生的壁掛式CD音響就是典型例子。比起造型如何，更重要的是，不論大人小孩來到這CD音響前，都會不由自主拉下拉繩。就是這樣的設計。

ND：乍看之下，好像什麼都沒設計，但實際上，卻與人的行為緊密相關，這就是無印良品第二階段的設計。有什麼樣的機制在引領這樣的設計嗎？

──就是Found MUJI。事實上，讓知名設計師的名字出現，對無印良品來說是有風險的。店面的設計感看起來太前衛，會讓人覺得可怕；賣場中如果有很多太過洗練、裝模作樣的商品，也讓人反感。

我們和全世界的設計師一起工作，但為了沖淡個人色彩，從世界各地找來看不到設計者名字的東西，這就是Found MUJI。

當作指標的同時，又與之對峙
ND：無印良品和顧問委員會的關係，以及雙方在扮演的角色上，有什麼改變嗎？

──我從負責商品開發，到成為業務部本部長，都一直和顧問委員會來往密切。成為社長後，依然和他們保持同樣的關係。不過我認為，應該可以說，在我繼任社長後，他們在公司的定位也有了改變。

顧問委員會會議每個月召開一次，開會那天早上八點，參加會議的人聚集在這裡，什麼都聊。商品部、銷售部、廣宣部的部長級同仁也會參加。會議中會準備大約兩個主題，然後，大家盡可能直言不諱的什麼都說。在會議上，比起要做什麼決定，倒不如說是就價值觀或時代氛圍等事，互相討論交流。當然，也會有與會者提議，像是說「有這樣的技術，我們要不要試試看」等。

杉本貴志先生的個性跟我很像，如

※此為2014年4月30日所進行的專訪

果我們同仁說了什麼很像模範生會說的話，他就會故意吐槽（笑）。那種「質疑的方式」很厲害，經常讓我去思考人的邏輯和市場經濟的邏輯，兩者之間的平衡。

ND：對無印良品來說，顧問委員會的存在不可或缺，這樣不會有過度依賴的風險嗎？
——良品計畫這邊的人，一定要有純粹的思想和強韌的信念，不可以變成只依賴顧問委員的關係。

　　以前，大家都稱呼顧問委員為「老師」，只有我稱他們為「先生」或「女士」。當然，在呈現商品等方面，他們是專家，所以交給他們，但對於掌控無印良品整體方向的我們來說，既要將顧問委員當作指標，但也要與之對峙，這一點很重要。

1980
碎掉的香菇

1982
自行車(22型)

──無印良品的足跡──
從熱門商品回顧
無印良品

自1980年創業以來,秉持獨特的信念,
持續為消費者提供能實現「好感生活」的商品,
各年代的熱門商品,有些至今依然暢銷。

1984
三輪車

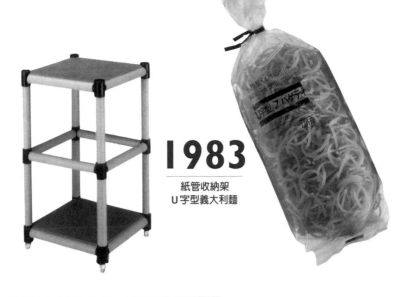

1983

紙管收納架
U字型義大利麵

西友公司自有品牌「無印良品」誕生
開始販售衣物
開始批發商品給合作店家
「無印良品青山」（直營1號店）開幕
在西友大型門市中設櫃
成立「無印良品事業部」
展開海外生產運送（當地一貫化生產）
擴大海外生產運送，例如直接向海外工廠訂貨等
在世界各地開發素材
成立「良品計畫」

1988

鐵罐

1989

鋁製名片盒
鋁製筆盒

1991

附床板床墊

1992

軸傳動自行車

1996

野炊用品
鋁製ATB自行車

西友將經營權讓渡給「無印良品」

海外1號店（英國倫敦）開幕

推出更高品質的「BLUE MUJI」系列

大型單一樓層店「無印LALAPORT」開幕

成立Ryohin Keikaku Europe Ltd.

股票在JASDAQ店頭市場公開

鮮花店「花良」1號店開幕

取得ISO9001認證

股票在東京證券交易所二部上市

「無印良品comKIOSK新宿南口店」開幕

1997

充氣家具

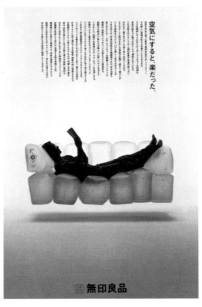

1999

兒童用組合式角紙管書桌、椅

2001
方便手提與懸掛的
LED 手提燈

2004
木之家

2002
懶骨頭沙發

2006
直角襪

2008
超音波芳香噴霧器

2009
壁掛家具

2011

可自由調節拉桿高度的
硬殼行李箱

2012

緊急救難組合包
福罐（圖為2013年款）

2014

空氣清淨機

設立 MUJI.NET
「無印良品有樂町」「無印良品難波」開幕
展開「眼鏡」新事業
成立 MUJI (Singapore) Pte.LTD.
成立 MUJI ITALIA S.P.A 和 MUJI Korea Co., LTD.
榮獲德國「iF 設計獎・商品類」5項大獎
舉辦第一次國際設計比賽「MUJI AWARD 01」
「MUJI 東京中城」開幕
「MUJI 新宿」開幕、展開新系列「MUJI to GO」
「生活良品研究所」成立
無印良品30週年
1號店「無印良品青山」改成「FoundMUJI青山」
馬來西亞1號店開幕
無印良品進軍中東
在中國推出世界旗鑑店「成都店」

生活風格 071A

無印良品的設計
無印良品のデザイン

編者 —— 日經設計
譯者 —— 陳令嫻、李靜宜

總編輯 —— 吳佩穎
責任編輯 —— 李依蒔
封面暨內頁美術編輯 —— 連紫吟、曹任華

出版者 —— 遠見天下文化出版股份有限公司
創辦人 —— 高希均、王力行
遠見・天下文化・事業群 董事長 —— 高希均
事業群發行人／CEO —— 王力行
天下文化社長 —— 林天來
天下文化總經理 —— 林芳燕
國際事務開發部兼版權中心總監 —— 潘欣
法律顧問 —— 理律法律事務所陳長文律師
著作權顧問 —— 魏啟翔律師
社址 —— 台北市 104 松江路 93 巷 1 號 2 樓
讀者服務專線 —— 02-2662-0012
傳真 —— 02-2662-0007；02-2662-0009
電子郵件信箱 —— cwpc@cwgv.com.tw
直接郵撥帳號 —— 1326703-6 號　遠見天下文化出版股份有限公司

製版廠 —— 中原造像股份有限公司
印刷廠 —— 中原造像股份有限公司
裝訂廠 —— 中原造像股份有限公司
登記證 —— 局版台業字第 2517 號
總經銷 —— 大和書報圖書股份有限公司　電話／ (02)8990-2588
出版日期 —— 2020 年 11 月 20 日第二版第 1 次印行

國家圖書館出版品預行編目(CIP)資料

無印良品的設計 / 日經設計編；陳令嫻, 李靜宜譯.
-- 第一版. -- 臺北市：遠見天下文化, 2015.10
　　面；　公分. -- (生活風格；71)
譯自：無印良品のデザイン
ISBN 978-986-320-856-3(平裝)

1.無印良品公司 2.設計管理 3.企業管理

494　　　　　　　　　　　　104019999

定價 —— NT450 元
EAN —— 4713510947326
書號 —— BLF071A
天下文化官網 —— bookzone.cwgv.com.tw

天下‧文化
BELIEVE IN READING